21世纪高职高专规划教材·计算机系列

软件测试

（第2版）

主编 王爱平

副主编 徐占鹏 李天辉 刘凤玲

清华大学出版社

北京交通大学出版社

·北京·

内 容 简 介

本书比较全面地介绍了软件测试方法，首先介绍了测试技术的发展历史和现状；然后，作为测试的基础，介绍了白盒测试、黑盒测试及测试覆盖率等几个重要概念，并充分分析了业界在这几个概念方面的研究成果；之后从全流程测试的角度详细介绍了面向对象的测试技术。又从目前实际情况出发，介绍了较为流行的 Web 测试技术。为了使读者更快地掌握测试技术，第 7 章用一个实例给出了完整的与软件测试相关的文档。最后，作者总结了测试的基本原则和一些好的实践经验。

本书内容充实，实用性强，可作为高职高专院校计算机软件专业软件测试技术课程的教材，也可作为有关软件测试的培训教材，对从事软件测试实际工作的相关技术人员也具有一定的参考价值。

图书在版编目（CIP）数据

软件测试 / 王爱平主编．—2 版．—北京：北京交通大学出版社：清华大学出版社，2019.6

（21 世纪高职高专规划教材・计算机系列）

ISBN 978-7-5121-3200-9

Ⅰ．①软…　Ⅱ．①王…　Ⅲ．①软件-测试-高等职业教育-教材　Ⅳ．①TP311.55

中国版本图书馆 CIP 数据核字（2017）第 097708 号

软件测试

RUANJIAN CESHI

责任编辑：谭文芳
出版发行：清 华 大 学 出 版 社　　邮编：100084　　电话：010-62776969　　http://www.tup.com.cn
　　　　　北京交通大学出版社　　邮编：100044　　电话：010-51686414　　http://www.bjtup.com.cn
印 刷 者：艺堂印刷（天津）有限公司
经　　销：全国新华书店
开　　本：185mm×260mm　　印张：10.75　　字数：275 千字
版　　次：2017 年 7 月第 2 版　　2019 年 6 月第 2 次印刷
书　　号：ISBN 978-7-5121-3200-9/TP・843
印　　数：3 001～5 000 册　　定价：25.00 元

本书如有质量问题，请向北京交通大学出版社质监组反映。对您的意见和批评，我们表示欢迎和感谢。
投诉电话：010-51686043，51686008；传真：010-62225406；E-mail：press@bjtu.edu.cn。

第 2 版前言

信息技术业已成为国家经济发展的支柱产业之一，作为其重要组成部分的软件产业取得了长足的发展，并且越来越广泛地应用于国民经济和国防建设的各个领域。然而，在实际应用中，由于计算机软件缺陷而造成计算机系统故障并导致严重后果的事例屡见不鲜。因此，如何保证软件产品的质量就成了必须解决的一个问题，而对软件进行有效的测试就是解决软件质量问题的方法之一。

软件测试是软件质量保证的关键步骤。软件测试研究的结果表明：软件中存在的问题发现越早，其软件开发费用就越低；在编码后修改软件缺陷的成本是编码前的 10 倍，在产品交付后修改软件缺陷的成本是交付前的 10 倍；软件质量越高，软件发布后的维护费用越低。另据对国际著名 IT 企业的统计，它们的软件测试费用占整个软件工程所有研发费用的 50%以上。

中国软件企业在软件测试方面与国际水准相比仍存在较大差距。首先，在认识上重开发、轻测试，忽略了如何通过流程改进和软件测试来保证产品或系统的质量，也没有认识到软件项目的如期完成不仅取决于系统设计水平和代码实现能力，而且还取决于设计、代码、文档等各方面的质量。其次，在管理上随意、简单，没有建立规范、有效的软件测试管理体系。另外，缺少自动化工具的支持，大多数企业在软件测试时并没有采用软件测试管理系统。所以对软件企业来说，不仅要提高对软件测试的认识，同时要建立独立的软件测试组织，采用先进的测试技术，充分运用测试工具，不断改善软件开发流程，建立完善的软件质量保障的管理体系。只有这样，才有可能达到软件开发的预期目标，降低软件开发的成本和风险，提高软件开发的效率和生产力，确保及时地发布高质量的软件产品。

我们将多年来所积累的软件测试经验与技术实践整理成书，与大家分享，希望成为软件测试的实际应用参考书。同时，也将作者在大学软件学院的软件测试专业课、在全国性软件测试和质量保证高级培训班及其他培训班等的授课经验与体会，融入本书之中。

本书参考教学时数为 40～50 学时，全书共分为 7 章：第 1 章讨论了软件测试的一些基本概念；第 2 章介绍了软件开发过程及特征；第 3 章介绍了软件测试的基础知识；第 4 章详细描述了面向对象测试技术；第 5 章讨论了目前较为流行的 Web 系统测试技术；第 6 章介绍软件测试的组织与管理；第 7 章通过一个实例，给出了完整的与软件测试相关的文档。本书最后附有软件测试术语。第 1 章和第 3 章由抚顺职业技术学院的王爱平老师编写，第 2 章和附录 A 由抚顺职业技术学院的刘凤玲老师编写，第 4 章和第 5 章由青岛职业技术学院的徐占鹏老师编写，第 6 章和第 7 章由沈阳师范大学职业技术学院的李天辉老师编写。抚顺职业技术学院的张海伟老师参与了本书的编写及校对工作。

本书在编写过程中，参阅了很多国内外同行的著作和文章，汲取了该领域最新的研究成果。在此，对这些成果的作者表示深深的感谢！

由于水平和时间的限制，书中不可避免地会出现一些错误，请广大读者不吝赐教。

编　者

2017 年 5 月

目　　录

第 1 章　软件测试概述

软件测试是软件开发过程的重要组成部分，用来确认一个程序的品质或性能是否符合开发之前所提出的要求。软件测试是在软件投入运行前，对软件需求分析、设计规格说明和编码的最终复审，是软件质量保证的关键步骤。软件测试是为了发现错误而执行程序的过程。软件测试在软件生存期中横跨两个阶段：通常在编写出每一个模块之后就对它做必要的测试（称为单元测试），编码和单元测试属于软件生存期中的同一个阶段；在结束这个阶段后对软件系统还要进行各种综合测试，这是软件生存期的另一个独立阶段，即测试阶段。

1.1　软件错误与缺陷

计算机技术的发展使计算机渗透到人们生活中的各个方面，帮助人们解决了各种难题。人们在欣喜地享受计算机带来的巨大变化的同时，也承受着由于软件错误而产生的灾难。

1.1.1　著名的软件错误案例

1．“爱国者”导弹防御系统

美国“爱国者”导弹防御系统首次应用在海湾战争中对抗伊拉克“飞毛腿”导弹。尽管大家对此导弹系统赞誉有加，但是它在实战中还是出现了失利，其中一枚在沙特阿拉伯的多哈误杀了 28 名美国兵。通过调查分析，专家发现原因是一个软件缺陷：一个很小的系统时钟错误累积起来就可能拖延 14 小时，造成跟踪系统失去准确度。在多哈战中，系统被拖延 100 多个小时。

2．Windows XP 漏洞

随着 Windows XP 系统越来越多的使用，其本身的漏洞也越多地暴露出来，例如，浏览器 IE 6.0 的漏洞、Windows XP 内建的“即插即用”功能的漏洞……日本微软甚至在支持技术信息中指出，当用户重新安装、修复及升级 Windows XP 时有可能导致保存在计算机中的数据文件丢失……

美国微软公司承认，Windows XP 操作系统存在巨大安全隐患，Windows XP 的用户只要上网，黑客就可以完全控制计算机，并利用它发动网上攻击行动。Gartner 公司网络安全评定中心已经把这两个漏洞标为高危险级。

3．美国航天局火星基地登陆失败

1999 年 12 月 3 日，美国航天局火星基地登陆飞船在试图登陆火星表面时失踪。错误修正委员会观测到故障，并认定出现误动作的原因极可能是某一个数据位被意外更改。大家一致批评：问题为什么没有在内部测试时解决。

从理论上看，登陆计划是这样的：当飞船降落到火星表面时，它将打开降落伞减缓飞船的下落速度；降落伞打开后的几秒钟内，飞船的三条腿将迅速撑开，并在预定地点着落；当飞船离地面 1 800 米时，它将丢弃降落伞，点燃登陆推进器，在余下的高度缓缓降落地面。

美国航天局为了省钱，简化了确定何时关闭推进器的装置。为了替代其他太空船上使用的贵重雷达，他们在飞船的脚上装了一个廉价的触点开关，在计算机中设置一个数据位来关掉燃料。很简单，飞船的脚不“着地”，登陆推进器会一直工作。

错误修正委员会在测试中发现，当飞船的脚迅速撑开准备着陆时，机械震动在大多数情况下也会触发着地开关，设置错误的数据位。飞船开始着陆时，计算机极有可能关闭登陆推进器，导致飞船下坠 1 800 米之后冲向火星表面，撞成碎片。

结果是悲惨的，但原因很简单。登陆飞船经过了多个小组测试，其中一个小组测试飞船的脚落地过程，另一个小组测试此后的着陆过程。前一个小组不去注意着地数据位是否置位，这不是其负责的范围；后一个小组总是在开始测试之前重置计算机、清除数据位。双方独立工作都很好，但从未相互沟通协调。

1.1.2　软件缺陷是什么

软件错误是在软件设计开发过程中由于理解不到位造成的错误或编写代码时人为引入的错误。软件缺陷是错误的结果，即错误的表现。

符合下面 5 个规则中任何一个或数个的叫作软件缺陷：

① 软件未达到产品说明书标明的功能；

② 软件出现了产品说明书指明不会出现的错误；

③ 软件功能超出产品说明书指明范围；

④ 软件未达到产品说明书虽未指出但应达到的目标；

⑤ 软件测试员认为软件难以理解、不易使用、运行速度缓慢或者最终用户认为不好。

软件缺陷是如何产生的呢？通过对大量软件及软件缺陷的研究，人们发现大多数软件缺陷并非来源于编程错误。导致软件缺陷最大的原因是产品说明书；第二个原因是设计方案；第三个原因是代码；第四个原因是某些软件缺陷产生的条件被错误地认定。软件缺陷产生原因分布如图 1-1 所示。

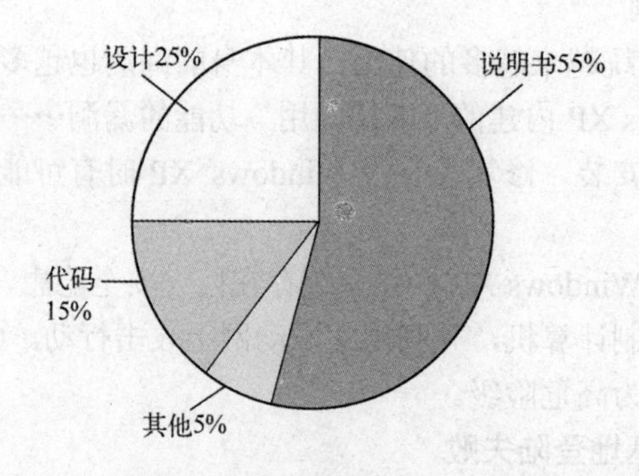

图 1-1　软件缺陷产生原因分布

软件说明书是造成软件缺陷的主要原因。在许多情况下，没有编写软件说明书；也可能是软件说明书不够全面，经常更改，或是各个开发小组没有很好地沟通。

软件缺陷的第二大来源是设计方案。这是程序员开展软件计划的好地方，好比建筑师为建筑物绘制蓝图。这里产生软件缺陷的原因和软件说明书是一样的：片面、易变、沟通不足。

第三个原因是代码。代码错误可以归咎于软件的复杂性、说明文档不足、进度压力或者普通的低级错误。另外，由于代码基本上是由程序员人工编写完成的，出现代码错误也是在所难免的。许多看上去是编程错误的软件缺陷实际是因软件说明书或者设计方案造成的。

第四个原因是某些软件缺陷产生的条件被错误地认定。由于这个原因，就可能反复出现许多软件缺陷。另外，不少软件缺陷可以归咎于测试错误。

按产生的原因可将软件缺陷分为如下类别。

① 文档缺陷：是指对文档的静态检查过程中发现的缺陷，通过测试需求分析、文档审查发现的被分析或被审查的文档中的缺陷。

② 代码缺陷：是指对代码进行同行评审、审计或代码走查过程中发现的缺陷。

③ 测试缺陷：是指在测试执行活动中发现的被测对象（被测对象一般是指可运行的代码、系统，不包括静态测试发现的问题）的缺陷，测试活动类型主要包括内部测试、连接测试、系统集成测试、用户验收测试。

④ 过程缺陷：是指通过过程审计、过程分析、管理评审、质量评估、质量审核等活动发现的关于过程的缺陷和问题。过程缺陷的发现者一般是质量经理、测试经理和管理人员。

表 1-1 显示了对各类软件缺陷的描述。

表 1-1　对各类软件缺陷的描述

缺陷名称	对　象	发现活动	主要发现人
文档缺陷	包括最终产出物和中间产出物文档。具体包括：项目组的文档，如需求文档、设计文档、计划、报告等；测试文档，如测试计划、测试需求分析、测试设计、测试案例、测试分析报告等	同行评审 产品审计	同行评审人员 测试经理
代码缺陷	程序代码，包括程序单元、数据库脚本、配置文件等	同行评审 产品审计 代码走查	同行评审人员 测试经理
测试缺陷	可运行的程序代码、系统、原型等	单元测试 集成测试 系统测试 性能测试等	测试人员
过程缺陷	测试管理体系 测试项目实施过程	过程审计 过程分析 管理评审 质量评估 质量审核等	质量经理、项目经理、管理人员

1.2　什么是软件测试

在软件开发中，无论怎样强调软件测试的重要性及它对软件可靠性的影响都不过分。在开发大型软件系统的漫长过程中，面对极其错综复杂的问题，开发者认为正确的却不一定完全符合客观事实，与软件开发工程密切相关的各类人员之间的沟通及配合也不可能没有漏洞，因此，在软件生命周期的每个阶段都不可避免地会产生差错。虽然开发者在每个阶段结束之前，通过严格的技术审查，力求尽可能早地发现并纠正差错，但是经验表明，审查并不能发现所有差错。此外，在编码过程中还不可避免地会引入新的错误。如果在软件投入生产性运行之前，没有发现并纠正软件中的大部分差错，那么这些差错迟早会在生产过程中暴露出来，那时不仅改正这些错误的代价更高，而且往往会造成很严重的后果。因此，这些软件错误需要通过测试来发现。

1.2.1 软件测试定义

软件测试是软件开发过程中的一个重要阶段，是软件质量保证的重要环节。那么软件测试的含义是什么？在软件发展的不同阶段有不同的理解，在软件界也有不同的定义。

1979 年，Glenford J. Myers 对软件测试给出了定义："软件测试是为了发现错误而运行程序的过程。"这一定义明确指出了软件测试的目的是发现软件中的错误。1983 年，IEEE （国际电气电子工程师学会）提出了软件测试的定义："测试是使用人工或自动的手段来运行或检测某个系统的过程，其目的在于检验它是否满足约定的需求或是比较预期结果与实际结果之间的差别。"这个定义明确提出了软件测试以检验软件是否满足用户需求为目标。

大量统计资料表明，软件测试的工作量往往占软件开发总工作量的40%以上。因此，必须高度重视软件测试工作，绝不能以为写出程序之后软件开发工作就接近尾声了，实际上，大约还有同样多的开发工作量需要完成。所以，在软件开发者中间流行这样一句话：用多长时间编写程序，就要用多长时间测试、调试程序。

1.2.2 软件测试的特性

与分析、设计、编码等工作相比，软件测试具有若干特殊的性质。了解这些性质，将有助于正确处理测试中出现的问题，做好测试工作。

1. 挑剔性

软件测试是对软件质量的监督与保证，所以"挑剔"和"揭短"很自然地成为测试人员奉行的信条。测试是为了发现程序中的错误，而不是证明程序无错。因此，对于被测程序就是要"吹毛求疵"，就是要在"鸡蛋里面挑骨头"。只有抱着为发现程序中的错误的目的去测试，才能最大限度地把程序中潜在的错误找出来。

2. 复杂性

人们常常认为开发一个程序是困难的、复杂的，测试一个程序则是比较容易的。其实这是一种误解。设计测试用例就是一项细致和需要高度技巧的工作，稍有不慎就会顾此失彼，产生不应有的疏漏。例如，假设一个程序的功能是输入三角形的 3 条边长，然后判定这个三角形的类别。如果输入 3 个"7"，程序回答"等边三角形"，但若输入 3 个"0"，程序也回答"等边三角形"，就真假不分了。又如，三条边分别为 3、4、5 时应判断是"不等边三角形"，但如果对 2、3、7 也判断为"不等边三角形"，也会出现错误。小程序尚且如此，大型程序就可想而知了。因此，进行软件测试时，要认识到测试的复杂性，需要考虑到各种可能出现的情况，对被测程序进行多方面的考核，切忌把原本复杂的问题想得过于简单，将测试工作简单化。所以说，做好一个大型软件的测试，其复杂性不亚于对这个软件的开发，应该挑选最有才华的程序员来参加测试工作。

3．不彻底性

"程序测试只能证明错误的存在，但不能证明错误不存在。"E. W. Dijkstra 的这句名言揭示了软件测试所固有的一个重要性质——不彻底性。

软件测试的彻底性就是将程序的所有可能输入作为测试用例对程序进行测试，即穷举测试。穷举测试是否可行呢？现举一个例子说明。假如有一个程序，其功能是输入 X 和 Y，求 X 与 Y 的和，X 与 Y 均是 16 位二进制数。采用穷举测试需要设计 2^{32} 个测试用例，如果 1 秒测试一个用例，一天测试 24 小时，将需要 136 年才能测试完毕。由此可见，穷举测试是不可行的。

实际测试中，穷举测试不是根本无法实现，就是工作量太大（如一个小程序要连续测试许多年），在实践上行不通。这就注定了一切实际测试都是不彻底的，当然也就不能保证测试后的程序不存在遗留的错误。

4．经济性

穷举测试行不通，因此在软件测试中，总是选择一些典型的、有代表性的测试用例，进行有限的测试。通常把这种测试称为"选择测试"，为了降低测试成本（一般占整个开发成本的 1/3 左右），选择测试用例时必须遵守"经济性"原则。第一，要根据程序的重要性和一旦发生故障将造成的损失来确定它的可靠性等级，不要随意提高等级，从而增加测试的成本；第二，要认真研究制定好的测试策略，以便能使用尽可能少的测试用例，发现尽可能多的程序错误。

需要明确的是，软件测试并不等于程序测试。软件测试贯穿于整个软件开发过程。在需求分析、概要设计、详细设计及程序编码等各阶段所产生的文档，包括需求规格说明、概要设计规格说明、详细设计规格说明和源程序等，都是软件测试的对象。另外，在对需求理解与表达的正确性、设计与表达的正确性、实现的正确性及运行的正确性的验证中，任何一个环节发生了问题都可能在软件测试中表现出来。

1.2.3　测试的目标

软件测试的目标就是发现软件中的错误，但是，发现错误并不是软件测试的最终目的。软件测试的根本目标是开发出完全符合用户需要的软件。G. J. Myers 在《软件测试技巧》中指出了软件测试的目标：

① 测试是为了发现程序中的错误而执行程序的过程；

② 好的测试方案使测试很可能发现尚未发现的错误；

③ 成功的测试是发现了尚未发现的错误的测试。

人类的活动具有高度的目的性，如果测试的目的是要证明程序中有错误，则测试时就会选择一些容易发现错误的测试数据进行测试。与此相反，如果测试的目的是要证明程序中没有错误，在测试时就会选择使程序不容易出现错误的测试数据进行测试。如果认为"没有发现错误就是成功的测试"，则很可能因为没有发现存在的错误而以为测试是成功的，进而使得程序存在错误隐患。

另外，在软件测试时应该注意：

① 测试目标必须在决定发布或接受软件之前，在系统预期的作用（如功能要求、安全要求、业务要求、保密性要求、性能要求等）和系统运行失败的风险之间进行权衡；

② 不同应用场合其测试目标是不同的；

③ 测试目标应该与组织的质量目标一致。

1.2.4 软件测试的原则

现在，我们对软件测试的目的、目标及测试的重要性都有所了解，那么在软件测试时应该遵循哪些原则呢？下面就列出几个重要原则。

1．要尽早地并且不断地进行测试

由于开发软件的复杂性和抽象性，软件开发各个阶段工作的多变性，以及在参与软件开发各阶段人员之间工作的配合关系等因素，使得开发的每个环节都可能产生错误，所以不应把软件测试仅仅看作软件开发的某个阶段，而应当把它贯穿到软件开发的始终。坚持在软件开发各个阶段的技术评审，才能在开发过程中尽早发现和预防错误，从而提高软件质量。

2．测试用例应由测试输入数据及与之对应的预期输出结果两部分组成

测试用例用来检验开发人员所编写的程序，应该在测试程序之前就选择好测试用例，它需要测试的输入数据，且针对每个输入数据要有对应的预期输出结果，从而有一个检验结果的基准，来检验程序的正确性。

3．程序员应避免检查自己的程序

在某种意义上讲，人是不愿意否定自己的，而且在做某一件事情时又可能用同一思路。不难想象，带有错误认识的程序员是很难发现自己程序的缺陷的。另外，每个人的测试思路或认识思路都存在局限性，在这个时候，如果选择由别人来测试程序员编写的程序，可能会更客观，处理问题更严谨更有效、更容易取得成功。

4．设计周密的测试用例

测试用例是测试工作的核心，测试用例设计得好与坏直接关系到测试的质量的好坏。测试用例要考虑到合理的输入和不合理的输入，合理的输入条件是指能验证程序正确的输入条件，而不合理的输入条件是指异常的、临界的及可能引起问题异变的输入条件。在测试程序时，可能会过多地考虑合法的和期望的输入条件，以检查程序是否做了它应该做的事情，而忽视了不合法的和预想不到的输入条件。事实上，软件在投入使用以后，用户的多样性、复杂性和所期望的大有差异，有些使用者不遵循或不知道软件的使用约定，而用了一些意外的输入，如用户在键盘上输入了非法的命令或进行数据的增删后忘记存盘等。遇到这种情况时应作出相应处理，给出相应的提示信息。因此在测试时，软件系统处理非法命令的能力也必须受到检验。用不合理的输入条件测试程序往往比用合理的输入条件测试程序能发现更多的错误。

5．注意测试中错误集中的现象

错误集中的80%很可能起源于程序模块中的20%，本着这个原则，在测试过程中若某一部分发现了很多错误时，应该对这一部分进行进一步的测试，以确定其中是否还包含了更多的错误，提高测试投资的效益。

6．严格执行测试计划，排除测试的随意性

成功者都是有计划的。因此，应该确立一个正确的测试目标，本着严肃、准确的原则，周到细致地做好测试前的准备工作，制订一个比较完善的测试计划。在制订计划时要注意把测试时间安排得尽量宽松，不要希望在极短的时间内完成一个高水平的测试。合理的测试计划应包括：软件功能的测试、输入输出测试、各项测试的进度安排、资源要求、测试工具描述、测试用例的选择、测试的控制方式和过程、系统组装方式、回归测试的规定及评价标准等。在测试工作中，要严格执行测试计划，排除测试的随意性，保证测试工作有序地进行。

7．对测试错误结果一定要有一个确认的过程

对测试出来的错误，一定要有另一个测试来确认，特别严重的错误要召开评审会进行讨论和分析。

8．妥善保存测试计划、测试用例、出错统计和最终分析报告

测试工作中产生的各种文档是评价测试工作的重要依据，因此，要妥善保存好这些文档。另外，在测试过程中错误的重现性也是有的，为了给维护提供方便，也要求妥善保留测试的各种文档资料。

1.3　软件质量保证

软件质量是贯穿软件生存期的一个极为重要的问题，是软件开发过程中使用的各种技术和测试方法的最终体现。

1.3.1　软件质量的定义

开发出高质量的软件是软件开发者所追求的目标。何谓软件质量呢？1983 年，IEEE 给出了软件质量的定义：软件系统或软件产品满足规定的和隐含的与需求能力有关的全部特征和特性。它包括以下几方面：

① 软件产品质量满足用户要求的程度；

② 软件各种属性的组合程度；

③ 用户对软件产品的综合反映程度；

④ 软件在使用过程中满足用户要求的程度。

从这个定义中可以看出软件质量包含多层含义：

① 软件能够达到需求说明书中所做的要求；

② 在使用软件过程中能够达到用户所期望的程度；

③ 软件内部各部分之间的组合程度要高。

换句话说，软件质量不是单一的，它是软件所有特性的集合。

软件质量有多种不同的方面。用户主要感兴趣的是如何使用软件、软件性能和使用软件的效用，特别是在指定的使用环境下获得与有效性、效率、安全性和满意度有关的规定目标的能力，即使用质量。开发者负责生产出满足质量要求的软件，所以他们对中间产品和最终产品的质量都感兴趣，同时也要体现软件维护者所需要的质量特性。管理者更注重总的质量而不是某一特性，必须从管理的角度，考虑诸如进度拖延或成本超支与提高质量之间的权衡，以达到用有限的人力、成本和时间使软件质量优化的目的。

1.3.2　软件质量特性

软件质量特性是软件本质的反映。软件质量依赖于软件的内部特性及其组合。1978 年，

Walters 和 McCall 提出了软件质量模型，如图 1-2 所示。

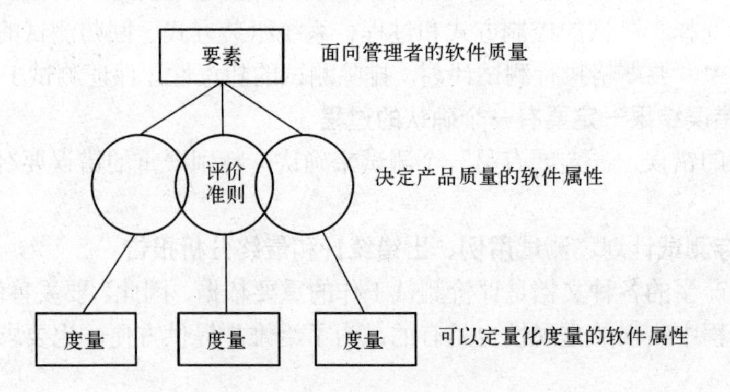

图 1-2 McCall 软件质量模型

McCall 等人对软件的质量特性做了如下定义。

① 正确性：在规定的条件下，软件产品提供满足明确和隐含需求功能的能力，要求软件没有错误。

② 可靠性：在规定的时间和条件下，软件产品持续正常运行，维持其规定性能的程度。

③ 易用性：在规定的条件下，软件产品被理解、学习、使用，以及为程序准备输入和解释输出所需要的工作量的大小。

④ 效率：在规定条件下，相对于所用资源的数量，软件产品可提供适当性能的能力。

⑤ 易维护性：软件产品被修正、改进或者为适应环境、需求和功能规约的变化，进行完善所需要的工作量的大小。

⑥ 可移植性：软件产品从一种环境迁移到另一种环境的能力。

⑦ 完整性：为了某一目的而保护数据，避免它受到偶然的或有意的破坏、改动或遗失的能力。

⑧ 可测试性：为保证软件能够完成规定的功能、具有规定的性能所需测试工作量的大小。

⑨ 灵活性：修改或改进一个已经投入运行的软件产品所需要的工作量的大小。

⑩ 复用性：一个软件或软件包的部件能再次用于其他应用（该应用的功能与此软件或部件的功能有联系）的程度。

⑪ 互连性：两个或多个系统交换信息且相互使用已交换信息的能力。

这些质量特性互相联系、互相制约，在软件设计过程中应根据具体情况对各种特性要素的要求综合考虑，以便制定出在总体上使用户和软件开发人员都满意的质量标准。

1.3.3 软件质量管理

软件质量管理是经济地实现符合用户要求的软件质量或服务的方法体系及其一系列活动。它具体包括三个过程：质量计划、质量保证和质量控制。

（1）质量计划

质量计划指依据公司的质量方针、产品描述及质量标准和规则等制定出来实施方略，其内容全面反映用户的要求，是质量管理人员的工作指南，为项目小组成员和项目相关人员在项目进行中实施质量保证及控制提供依据，为确保项目质量提供坚实的基础。

（2）质量保证

质量保证是贯穿整个项目生命周期的有计划、系统性的活动，经常性地针对整个项目质量计划的执行情况进行评估、检查与改进等工作，向管理者、顾客或其他方提供信用保证，确保项目质量与计划保持一致。

（3）质量控制

质量控制对阶段性的成果进行测试、验证，为质量保证提供参考依据。

用户可能只关心软件产品的最终质量能否满足其要求，也就是使用质量。使用质量包括软件的效率性、安全性、稳定性、易用性等。而对于一个软件开发组织来说，不仅要重视软件的使用质量，还要重视软件开发过程的质量保证。那么，是不是仅用软件测试就可以完全保证软件质量呢？答案是否定的。在软件系统开发过程中，一般需要独立完成以下几个流程：项目管理流程、软件开发流程、软件测试流程、质量保证流程和配置管理流程。这些流程相辅相成，各自之间都有相应的接口，通过项目管理流程将所有活动贯穿起来，来共同保证软件产品的质量。

整个软件质量保证体系中，所有的流程都围绕软件开发流程展开，唯一的目标就是保证软件开发的质量，所以在众多流程中，软件开发流程为质量保证体系中的主流程，其他为辅助流程。辅助流程可以使软件开发过程透明、可控，通过多角色之间的互动，有效地降低软件开发过程中的风险，持续不断地提高软件产品的质量。软件测试工作是一种重要的软件质量保证活动，其动机是通过一些经济、高效的方法，捕捉软件中的错误，达到保证软件质量的目的。

大量实践表明，要想在软件项目实施中做好质量工作，应该坚持下面几个原则。

（1）充分认识质量的重要性，并将“质量第一”落实到行动中

软件质量管理的重要性已为广大软件公司所认识，但是要落实到具体的项目实施工作中，并通过它提高软件质量，还有一段很长的路要走。因为几乎所有的软件公司都有“进度高于一切”的思想，为了赶进度和发布产品，几乎所有影响进度的工作都可以忽略。因此，充分认识质量的重要性，把“质量第一”的思想落实到实际工作中是做好软件质量管理的第一原则。

（2）树立“用户至上，尊重客户”的思想

可以说，目前很多软件公司都有“愚弄客户”的嫌疑，不管是有心的还是无意的。很多软件公司实施项目时常常仅把经济利益放在第一位，只要能拿到“钱”就达到目的了，而不在乎是否掩盖缺陷和敷衍客户，特别是当软件产品出现问题的时候更是如此。

在软件产业发达的今天，客户永远会选择质量和服务都表现良好的产品来满足自己的需求，那些掩盖产品缺陷和敷衍客户的软件公司必然被淘汰。因此，必须尊重客户，把客户放在“上帝”的位置上，树立“用户至上，尊重客户”的思想，认真做好质量管理工作。

（3）建立健全规范的质量保证体系，使软件开发进入良性循环

没有科学的开发规范，就不能开发出高质量的软件，这是被无数事实证明的。因此，在软件开发过程中，一定要建立健全规范的质量保证体系，同时把科学的规范体系逐步落实到工作中。根除急功近利的思想，使软件开发进入良性循环。否则，不但会浪费大量的人力、物力，还会给客户留下不好的印象，损害软件公司的形象和利益。

（4）重视技术评审，实现早期报警

技术评审可以把一些软件缺陷消灭在代码开发之前，尤其是一些架构方面的缺陷。在项

目实施中，为了节省时间应该优先对一些重要环节进行技术评审，这些环节主要有项目计划、软件架构设计、数据库逻辑设计、系统概要设计等。如果时间和资源允许，可以考虑适当增加评审内容。通过技术评审及时发现软件缺陷，将由此产生的损失降到最小。

保证软件质量基本上由两种途径来实现：一种是保证软件生存周期过程的高质量，另一种是评价软件最终产品的质量。这两种途径都很重要，且都要求有一系统来确定管理对质量的保证，指明其策略及恰当的详细执行步骤。前者是采用“ISO 9001 质量体系——设计、开发、生产、安装和服务”的质量保证模式，或者 CMM——能力成熟度模型，或者“ISO 15504 软件过程评估”（也称为 SPICE，即软件过程改进和能力确定）等方法来取得满足质量要求的软件。后者是把软件产品评价看作软件生存周期的一个过程，目标就是让软件产品在指定的使用环境下具有所需的效用，可以通过测量内部属性、外部属性或使用质量属性来评价。

1.3.4 软件测试管理

软件测试是软件质量保证工作中的一个重要环节，要想做好软件测试工作，并且充分发挥软件测试的作用，必须建立完善的软件测试管理体系，并在软件质量保证中发挥其作用。

1．软件测试的作用

软件测试的作用如下所述。

（1）软件产品的监视和测量

对软件产品的特性进行监视和测量，主要是依据软件需求规格说明书，验证产品是否满足要求。所开发的软件产品是否可以交付，要预先设定质量指标，并进行测试，只有符合预先设定的指标才可以交付。

（2）对不符合要求的产品的识别和控制

对于软件测试中发现的软件缺陷，认真记录它们的属性和处理措施，并进行跟踪，直至最终解决。在排除缺陷之后，再次进行验证。

（3）产品设计和开发的验证

通过设计测试用例对需求分析、软件设计、程序代码进行验证，确保程序代码与软件设计说明书一致、软件设计说明书与需求规格说明书一致。对于验证中发现的不合格现象，同样要认真记录和处理，并跟踪解决。解决之后，要再次验证。

（4）软件过程的监视和测量

从软件测试中可以获取大量关于软件过程及其结果的数据和信息，它们可用于判断这些过程的有效性，为软件过程的正常运行和持续改进提供决策依据。

2．软件测试管理系统的组成

一般采用过程方法和系统方法来建立软件测试管理体系，也就是把测试管理作为一个系统，对组成这个系统的各个过程加以识别和管理，以实现设定的系统目标。同时，使这些过程协同作用、互相促进，充分发挥总体作用，以在规定条件下，尽可能早地发现和排除软件缺陷。整个软件测试管理系统主要由以下 6 个相互关联、相互作用的过程组成。

（1）测试规划

确定各测试阶段的目标和策略。这个过程将制订测试计划，明确要完成的测试活动，评估完成活动所需要的时间和资源，明确测试组织和岗位职责，进行合理的活动安排和资源分配，安排跟踪和控制测试过程的活动。

测试规划与软件开发活动要同步进行。在需求分析阶段，要完成验收测试计划的制订，并与需求规格说明一起提交评审。类似地，在概要设计阶段，要完成和评审系统测试计划；在详细设计阶段，要完成和评审集成测试计划；在编码实现阶段，要完成和评审单元测试计划。如果修订测试计划，需要进行重新评审。

（2）测试设计

根据测试计划设计测试方案。测试设计过程输出的是各测试阶段使用的测试用例。测试设计也与软件开发活动同步进行，其结果可以作为各阶段测试计划的附件提交评审。测试设计的另一项内容是回归测试设计，即确定回归测试的用例集。对于测试用例的修订部分，也要求进行重新评审。

（3）测试实施

使用测试用例运行程序，将获得的运行结果与预期结果进行比较和分析，记录、跟踪和管理软件缺陷，编制测试报告。

（4）配置管理

测试配置管理是软件配置管理的子集，作用于测试的各个阶段。其管理对象包括测试计划、测试方案（用例）、测试版本、测试工具及环境、测试结果等。

（5）资源管理

包括对人力资源和工作场所，以及相关设施和技术支持的管理。

（6）测试管理

采用适宜的方法对上述过程及结果进行监视，并在适用时测量，以保证上述过程的有效性。如果没有实现预定的结果，则应进行适当的调整或纠正。

3. 建立软件测试管理体系的步骤

根据上述 6 个过程，可以确定建立软件测试管理体系的 6 个步骤。

① 识别软件测试所需的过程及其应用，即测试规划、测试设计、测试实施、配置管理、资源管理和测试管理。

② 确定这些过程的顺序和相互作用，前一过程的输出是后一过程的输入。其中，配置管理和资源管理是这些过程的支持性过程，测试管理则对其他测试过程进行监视、测试和管理。

③ 确定这些过程所需的准则和方法，制订实施过程中形成文件的程序，以及监视、测量和控制的准则和方法。

④ 确保可以获得必要的资源和信息，以支持这些过程的运行和对它们的监测。

⑤ 监视、测量和分析这些过程。

⑥ 实施必要的改进措施。

总之，软件质量是由多个因素和多个过程决定的，因此，应该实行全过程的质量保证，最大限度地保证和提高软件产品的质量。

1.4　软件测试过程

软件测试是软件开发过程中不可或缺的重要环节之一，是软件质量保证的重要手段。软件测试的目的，简单地说，就是通过寻找错误，尽可能地为修正错误提供更多的信息，从而保证软件系统的可用性。图 1-3 描述了软件测试的过程，直观地表现了软件测试在软件开发中的重要地位。

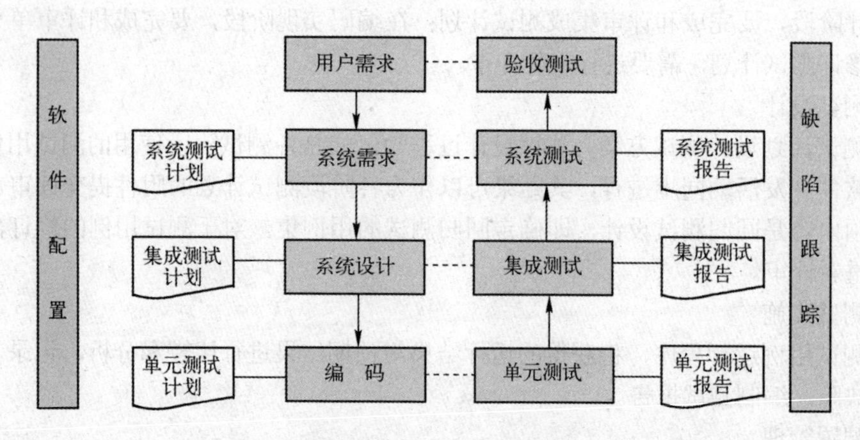

图 1-3 软件测试的过程

从图中可以看出，软件测试是贯穿软件开发过程始终的一个活动，是由测试计划、单元测试、集成测试、系统测试、验收测试等组成的。此外，完整的测试活动还要有相应的缺陷跟踪系统，从而完成整个软件工程迭代开发的过程。

1.4.1 测试计划

软件测试计划作为软件项目计划的子计划，在项目启动初期是必须规划的。在越来越多的软件开发中，软件质量日益受到重视，测试过程也从一个相对独立的步骤越来越紧密地嵌套在软件整个生命周期中，这样，如何规划整个项目周期的测试工作，如何将测试工作上升到测试管理的高度都依赖于测试计划的制订。测试计划也成为测试工作赖以展开的基础。

一个好的测试计划可以起到以下作用：

① 能够避免测试的“事件驱动”；

② 使测试工作和整个开发工作融合起来；

③ 使资源和变更成为一个可控制的风险。

一般软件项目基本上采用“瀑布模型”开发方式，在这种开发方式下，各个阶段的主要活动比较清晰，易于操作。整个项目生命周期划分为“需求分析—系统设计—编码—软件测试—系统发布—软件运行使用—软件维护”几个阶段。然而，在制订测试计划的时候，有些测试管理者对测试的阶段划分还不十分明晰，经常把测试单纯理解成系统测试，或者把各类型测试设计（测试用例的编写和测试数据准备）全部放入生命周期的“测试阶段”，这样不仅浪费了开发阶段可以并行的项目日程，而且造成测试不足的情况。

表 1-2 列出了比较合理的测试阶段划分方法。

表 1-2　测试阶段划分方法

测试类型＼阶段	需求分析	系统设计	编　码	单元测试	集成测试	系统测试	验收测试
验收测试	计划	设计					执行
系统测试	计划	设计				执行	
集成测试		计划	设计		执行		
单元测试			计划/设计	执行			

从表中可以看出，相应阶段可以同步进行相应的测试计划编制，而测试设计也可以结合在开发过程中实现并行，测试的实施即执行测试的活动可连贯在开发之后。值得注意的是，单元测试和集成测试往往由开发人员承担，因此这部分的阶段划分可能会安排在开发计划而不是测试计划中。

国家标准《计算机软件测试文档编制规范》（GB/T 9386—2008）对软件测试计划的内容提出了建议，其具体内容如下所述。

软件测试计划

1. 测试计划名称（本计划的第 1 章）

为本测试计划取一个专用的名称。

2. 引言（本计划的第 2 章）

归纳所要求测试的软件项和软件特性，可以包括系统目标、背景、范围及引用材料等。在最高层测试计划中，如果存在下述文件，则需要引用它们：项目计划、质量保证计划、 有关的政策、有关的标准等。

3. 测试项（本计划的第 3 章）

描述被测试的对象，包括其版本、修订级别，并指出在测试开始之前对逻辑或物理变换的要求。

4. 被测试的特性（本计划的第 4 章）

指明所有要被测试的软件特性及其组合，指明每个特性或特性组合有关的测试设计说 明。

5. 不被测试的特性（本计划的第 5 章）

指出不被测试的所有特性和特性的有意义的组合及其理由。

6. 方法（本计划的第 6 章）

描述测试的总体方法，规定测试指定特性组所需的主要活动、技术和工具，应详尽地描述方法，以便列出主要的测试任务，并估计执行各项任务所需的时间。规定所希望的最低程度的测试彻底性，指明用于判断测试彻底性的技术（如：检查哪些语句至少执行过一次）。指出对测试的主要限制，例如：测试项可用性、测试资源的可用性和测试截止期限等。

7. 通过准则（本计划的第 7 章）

规定各测试项通过测试的标准。

8. 暂停标准和再启动要求（本计划第 8 章）

规定用于暂停全部或部分与本计划有关的测试项的测试活动的标准。规定当测试再启动 时必须重复的测试活动。

9. 应提供的测试文件（本计划的第 9 章）

规定测试完成后所应递交的文件，这些文件可以是前述八个文件的全部或者部分。

10. 测试任务（本计划的第 10 章）

指明执行测试所需的任务集合，指出任务间的一切依赖关系和所需的一切特殊技能。

11. 环境要求（本计划的第 11 章）

规定测试环境所必备的和希望有的性质。包括：硬件、通信和系统软件的物理特征、使用方式以及任何其它支撑测试所需的软件或设备，指出所需的特殊测试工具及其它测试要求（如出版物或办公场地等）。指出测试组目前还不能得到的所有要求的来源。

12. 职责（本计划的第 12 章）

指出负责管理、设计、准备、执行、监督、检查和仲裁的小组。另外指出负责提供第 3 点中指出的测试项和在第 11 点中指出的环境要求的小组。

这些小组可以包括开发人员、测试人员、操作员、用户代表、数据管理员和质量保证人员。

13. 人员和训练要求（本计划的第 13 章）

指明测试人员应有的水平以及为掌握必要技能可供选择的训练科目。

14. 进度（本计划的第 14 章）

包括在软件项目进度中规定的测试里程碑以及所有测试项传递时间。

定义所需的新的测试里程碑，估计完成每项测试任务所需的时间，为每项测试任务和测试里程碑规定进度，对每项测试资源规定使用期限。

15. 风险和应急（本计划的第 15 章）

预测测试计划中的风险，规定对各种风险的应急措施（如：延期传递的测试项可能需要 加夜班来赶上规定的进度。）

16. 批准（本计划的第 16 章）

规定本计划必须由哪些人（姓名和职务）审批。为签名和填写日期留出位置。

在制订测试计划时应该注意，计划也是“动态的”，不必把所有的因素都囊括进去，也不必针对这种变化额外制订“计划的计划”。测试计划制订不能在项目开始后束之高阁，而是紧随项目的变化，根据实际情况做适当的修改，进而成功实施，这样才能实现测试计划的最终目标——保证项目最终产品的质量。

1.4.2 单元测试

在了解单元测试前，首先应掌握白盒测试与黑盒测试的概念。所谓白盒测试，指盒子（被测对象）是可视的，测试人员十分清楚软件系统的内部结构和原理。白盒测试是一种覆盖型的测试，它要求被测模块所有的独立路径都被执行一遍。相反，黑盒测试是一种功能型测试，它关注被测对象的功能实现，测试人员不清楚软件的内部逻辑。

什么是单元测试？单元测试就是检验在规定条件下某个模块满足规定功能程度的行为，是整个软件测试过程中最基本的活动，通常由开发人员与测试人员协同完成。单元测试的对象是软件设计的最小单位——模块。在测试活动中，软件的独立单元将在与程序的其他部分相隔离的情况下进行测试。单元测试的依据是详细设计，应对模块内所有重要的控制路径设计测试用例，以便发现模块内部的错误。单元测试多采用白盒测试技术，系统内多个模块可以并行地进行测试。

单元测试不仅仅作为无差错编码的一种辅助手段在一次性开发过程中使用，在软件修改或移植到新的运行环境的过程中都要进行单元测试。因此，单元测试必须是可重复的，必须在整个软件系统的生命周期中进行。

单元测试的主要任务包括：

① 模块接口测试；

② 模块局部数据结构测试；

③ 模块边界条件测试；

④ 模块中所有独立执行通路测试；

⑤ 模块的各条错误处理通路测试。

模块接口测试是单元测试的基础。只有在数据能正确流入、流出模块的前提下，其他测试才有意义。检查局部数据结构是为了保证在程序执行过程中，临时存储在模块内的数据完整、正确。局部数据结构往往是错误的根源，因此应仔细设计测试用例，力求发现其中的错误。在单元测试中，应该对模块中的每一条独立执行路径进行测试，保证模块中每条语句至少执行一次。

另外，边界条件测试也是单元测试中最后也是最重要的一项任务。众所周知，软件经常在边界上失效，采用边界值分析技术，针对边界值及其左、右设计测试用例，很有可能发现新的错误。

单元测试应紧接在编码之后，当源程序编制完成并通过复审和编译检查后，便可开始单元测试。测试用例的设计应与复审工作相结合，根据设计信息选取测试数据。在确定测试用例的同时，要给出期望结果。

构成软件的各个模块是相互联系的，它们分布在不同层次上，因此在进行单元测试时应该为被测模块开发一个驱动模块和（或）若干个桩模块。驱动模块在大多数场合称为“主程序”，它接收测试数据并将这些数据传递到被测试模块，被测试模块被调用后，“主程序”显示相应的结果信息；桩模块用于替代那些真正附属于被测模块（即由被测模块调用）的模块，桩模块的界面与其对应的真实模块完全一致，但内部只做少量的数据处理，主要是显示相应的信息，如打印“进入—退出”消息。图 1-4 显示了一般单元测试的环境。

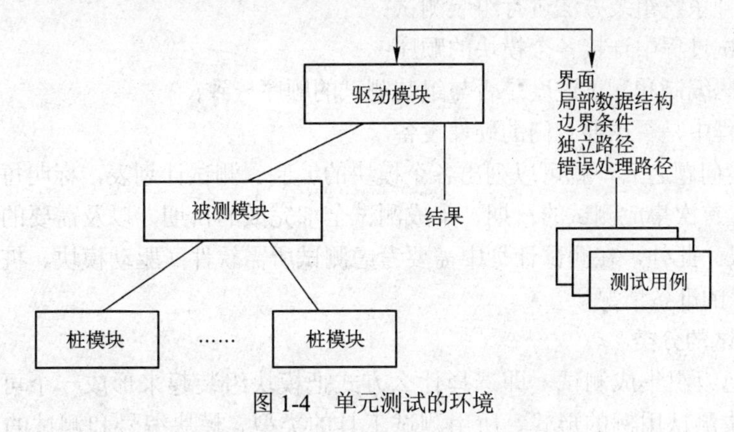

图 1-4　单元测试的环境

执行单元测试，需要注意以下几方面。

① 单元测试的目标和任务：明确测试的目标，即被测功能模块能够顺利地被执行。

② 单元测试的依据与规范：明确测试依据，如系统需求与设计描述，要有统一代码书写规范。

③ 单元测试的方法与技术：一般采用白盒测试，有手工测试和自动测试等多种方法。

④ 单元测试的过程与结果：应有详细的单元测试描述与计划文档，对测试结果也应编制成结果分析报告。

⑤ 单元测试的评估与管理：通过缺陷跟踪系统提交测试结果，对于出现的严重问题应做及时的反馈与跟踪。

1.4.3 集成测试

1. 集成测试的概念

集成测试，也叫组装测试或联合测试。在单元测试的基础上，将所有模块按照设计要求（如根据模块结构图）组装成子系统或系统，进行集成测试。集成测试是软件测试活动中最为关键的，从图 1-2 中可以看到，它发生在单元测试完成之后，与系统设计相对应，之后是系统测试，集成测试的成功执行是系统测试开始的基础。

实践表明，一些模块虽然能够单独地工作，但并不能保证连接起来也可正常地工作。在某些局部反映不出来的问题，在全局上很可能暴露出来，影响程序功能的实现。因此，单元测试后，有必要进行集成测试，发现并排除在模块连接中可能发生的问题，最终构成要求的软件子系统或系统。在集成测试时应该考虑以下问题：

① 在把各个模块连接起来的时候，穿越模块接口的数据是否会丢失；

② 各个子功能组合起来，能否达到预期要求的父功能；

③ 一个模块的功能是否会对另一个模块的功能产生不利影响；

④ 全局数据结构是否有问题；

⑤ 单个模块的误差积累起来，是否会放大，从而达到不可接受的程度。

集成测试是一种正规测试过程，必须精心计划，并与单元测试的完成时间协调起来。在制订测试计划时，应考虑如下因素：

① 采用何种系统组装方法进行组装测试；

② 组装测试过程中连接各个模块的顺序；

③ 模块代码编制和测试进度是否与组装测试的顺序一致；

④ 测试过程中是否需要专门的硬件设备。

解决了上述问题之后，就可以列出各个模块的编制、测试计划表，标明每个模块单元测试完成的日期、首次集成测试的日期、集成测试全部完成的日期，以及需要的测试用例和所期望的测试结果。此外，在测试计划中需要考虑测试所需软件（驱动模块、桩模块、测试用例生成程序等）的准备情况。

2. 集成测试的分类

如何合理地组织集成测试，即选择什么方式把模块组装起来形成一个可运行的系统，直接影响到模块测试用例的形式、所用测试工具的类型、模块编号和测试的次序、生成测试用例和调试的费用。通常，有两种不同的组装方式：非增量式集成方式和增量式集成方式。非增量式集成方式容易出现混乱，因为测试时可能发现一大堆错误，为每个错误定位和纠正非常困难，并且在改正一个错误的同时又可能引入新的错误，新旧错误混杂，更难断定出错的原因和位置。增量式集成方式，是将程序一段一段扩展，测试范围一步一步增大，使发现的错误易于定位和纠正，界面的测试亦可进行得完全彻底。下面介绍两种增量式集成方式。

（1）自顶向下集成方式

自顶向下集成是构造程序结构的一种增量式方式，它从主控模块开始，按照软件的控制层次结构，以深度优先或广度优先的策略，逐步把各个模块集成在一起。深度优先策略首先把主控制路径上的模块集成在一起，一般根据问题的特性确定选择哪一条路径作为主控制。以图 1-5 为例，若选择了最左一条路径，首先将模块 M1、M2、M5 和 M8 集成在一起，再将 M6 集成起来，然后再考虑中间和右边的路径。广度优先策略则不然，它沿控制层次结构水平地向下移动。仍以图 1-5 为例，它首先把 M2、M3 和 M4 与主控模块集成在一起，再将 M5 与 M6 和其他模块集成起来。

自顶向下集成测试的具体步骤为：

① 以主控模块为测试驱动模块，将主控模块下的所有桩模块用实际模块替代；

② 依据所选的集成策略（深度优先或广度优先），每次只替代一个桩模块；

③ 每集成一个模块立即测试一遍；

④ 只有每组测试完成后，才着手替换下一个桩模块；

⑤ 修正错误后，为避免引入新错误，应进行回归测试。

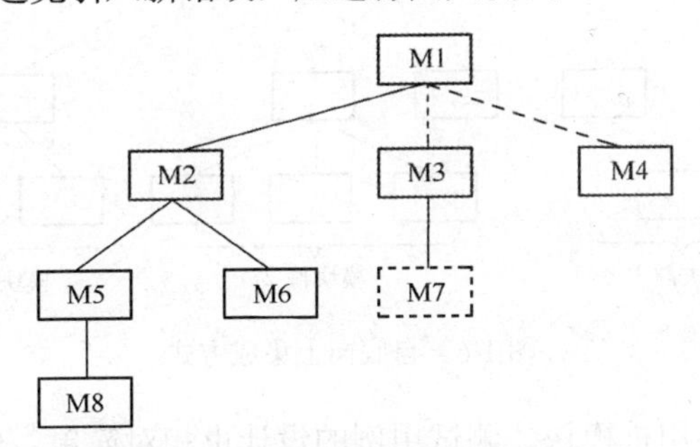

图 1-5　自顶向下集成方式

从②开始，循环执行上述步骤，直至整个程序结构构造完毕。

自顶向下集成的优点在于能尽早地对程序的主要控制和决策机制进行检验，因此较早地发现错误；缺点是在测试较高层模块时，低层处理采用桩模块替代，不能反映真实情况，重要数据不能及时回送到上层模块，因此测试并不充分。

解决这个问题有几种办法，第一种是把某些测试推迟到用真实模块替代桩模块之后进行；第二种是开发能模拟真实模块的桩模块；第三种是自底向上集成模块。第一种方法又回退为非增量式的集成方法，使错误难于定位和纠正，并且失去了在组装模块时进行一些特定测试的可能性；第二种方法无疑要大大增加开销；第三种方法比较切实可行。

（2）自底向上集成方式

自底向上测试是从软件结构最低层的模块开始组装测试的，因此测试到较高层模块时，所需的下层模块功能均已具备，所以不再需要桩模块。

自底向上集成测试的步骤为：

① 把低层模块组织成实现某个子功能的模块群；

② 开发一个测试驱动模块，控制测试数据的输入和测试结果的输出；

③ 对每个模块群进行测试；

④ 删除测试使用的驱动模块，用较高层模块将模块群组织成可完成更大功能的新模块群。

从①开始循环执行上述各步骤，直至整个程序构造完毕。

图 1-6 说明了上述过程。首先将底层的模块分为三个模块群，每个模块群引入一个驱动模块进行测试。因为模块群 2、模块群 3 中的模块均隶属于模块 Mb，所以在去掉驱动模块 D2、D3 后，模块群 2 和模块群 3 直接与 Mb 接口，这时可对 Mb 进行测试。同理，D1 被去掉后，Ma 与模块群 1 直接接口，可对 Ma 进行测试，最后 Ma、Mb 和 Mc 集成在一起进行测试。

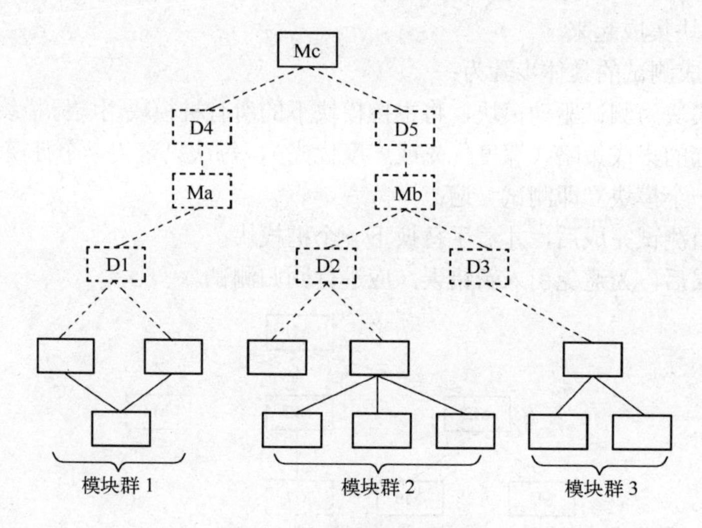

图 1-6 自底向上集成方式

自底向上集成方法不用桩模块，测试用例的设计也相对简单，但缺点是程序最后一个模块加入时才具有整体形象。它与自顶向下集成测试方法的优缺点正好相反。因此，在测试软件系统时，应根据软件的特点和工程的进度，选用适当的测试策略，有时混合使用两种策略更为有效，上层模块用自顶向下的方法，下层模块用自底向上的方法。

3. 关键模块

此外，在集成测试中尤其要注意关键模块，所谓关键模块一般都具有下述一个或多个特征：

① 能满足用户的多项需求；

② 具有高层控制功能；

③ 复杂、易出错；

④ 有特殊的性能要求。

关键模块应尽早测试，并反复进行回归测试。

4. 检查集成测试过程

集成测试结束后，按以下几个方面进行检查，以判定集成测试过程是否完成：

① 成功地执行了测试计划中规定的所有集成测试；

② 修正了所发现的错误，并在修正错误后成功地进行了再次测试；

③ 所有的集成测试文档已经齐全；

④ 测试结果通过了专门小组的评审。

在完成预定的集成测试工作之后，测试小组要对测试结果进行整理、分析，形成测试报告。测试报告中要记录实际的测试结果、在测试中发现的问题、解决这些问题的方法及解决之后再次测试的结果，此外还应提出目前不能解决、还需要管理人员和开发人员注意的一些问题，提供测试评审和最终决策，以提出处理意见。

1.4.4 系统测试

1. 系统测试的概念

系统测试是将软件、硬件、数据、人员、文档结合在一起，在正式的运行环境中进行的一种综合性测试。系统测试的目的是对最终软件系统进行全面测试，确保最终软件系统满足产品需求且遵循系统设计。在进行系统测试时应该遵循如下的方针：

① 确保系统测试的活动是按计划进行的；

② 建立完善的系统测试缺陷记录跟踪库；

③ 把软件系统测试活动及其结果及时通知相关小组和个人；

④ 建立完善的系统测试文档。

2. 系统测试的分类

系统测试应该由若干个不同测试组成，目的是充分运行系统，验证系统各部件是否都能正常工作，完成规定的功能，满足规定的性能。系统测试可以分为功能性和非功能性两大类，其中功能测试是系统测试的基础，主要用来验证软件系统是否严格按照需求规格说明的功能要求予以实现。非功能性测试主要包括性能测试、安全测试、强度测试、健壮性测试、用户界面测试、兼容性测试、安装测试、回归测试等内容。

下面简单介绍几类系统测试。

（1）功能测试

功能测试就是对产品的各功能进行验证，根据功能测试用例逐项测试，检查产品是否达到产品需求说明中规定的功能。

（2）性能测试

对于那些实时和嵌入式系统，软件部分即使满足功能要求，也未必能满足性能要求，虽然从单元测试起，每一测试步骤都包含性能测试，但只有当系统真正集成之后，在真实环境中才能全面、可靠地测试运行性能系统。性能测试有时与强度测试相结合，经常需要其他软硬件的配套支持。

（3）安全测试

安全测试检查系统对非法侵入的防范能力。安全测试期间，测试人员假扮非法入侵者，采用各种办法试图突破防线。例如：

① 想方设法截取或破译口令；

② 专门定做软件破坏系统的保护机制；

③ 故意导致系统失败，企图趁恢复之机非法进入；

④ 试图通过浏览非保密数据，推导所需信息，等等。

理论上讲，只要有足够的时间和资源，没有不可进入的系统。因此系统安全设计的准则是，使非法侵入的代价超过被保护信息的价值。此时非法侵入者已无利可图。

（4）强度测试

强度测试检查程序对异常情况的抵抗能力。强度测试总是迫使系统在异常的资源配置下运行。例如：

① 在正常频率为每秒产生一个至两个中断的情况下，运行每秒产生十个中断的测试用例；

② 定量地增长数据输入率，检查输入功能的反应能力；

③ 运行需要最大存储空间（或其他资源）的测试用例；

④ 运行可能导致虚存操作系统崩溃或磁盘数据剧烈抖动的测试用例，等等。

（5）健壮性测试

健壮性测试，即测试软件系统在异常情况下能否正常运行的能力。健壮性有两层含义：一是容错能力，二是恢复能力。即当系统出错时，能否在指定时间间隔内修正错误并重新启动系统。健壮性测试首先要采用各种办法强迫系统失败，然后验证系统是否能尽快恢复。对于自动恢复需验证重新初始化、检查点、数据恢复和重新启动等机制的正确性；对于人工干预的恢复系统，还需估测平均修复时间，确定其是否在可接受的范围内。

（6）用户界面测试

分析软件用户界面的设计是否合乎用户期望或要求。它常常包括菜单、对话框及对话框上所有按钮、文字、出错提示、帮助信息等方面的测试。例如，测试软件中所用对话框的大小、所有按钮是否对齐、字符串字体大小、出错信息内容和字体大小、工具栏位置/图标等。

（7）兼容性测试

兼容性测试用于验证被测软件是否能够如预期的那样与其他软件或构件协调工作。兼容性经常意味着新旧版本之间的协调，也包括测试的产品与其他产品的兼容使用。例如，用同样产品的新版本时，不影响与旧版本用户之间进行保存文件、格式和其他数据等操作。

（8）安装测试

安装测试用来验证在不同厂家的硬件上、所支持的不同语言的新旧版本平台上及不同方式安装的软件是否都能如预期的那样正常运行。例如，把英文版的 Microsoft Office 2003 安装在韩文版的 Windows Me 上，再验证所有功能是否可正常运行。

（9）回归测试

回归测试是根据修复好了的缺陷再重新进行的测试。目的在于一方面验证以前出现过但已经修复好的缺陷不再重新出现；另一方面验证在修复缺陷的同时没有引入新的错误。通常确定所需的再测试的范围是比较困难的，特别是当临近产品发布日期的时候。因为修正某一缺陷时必须更改源代码，这样就有可能影响这部分源代码所控制的功能及与之联系的部分。所以，在验证修好的缺陷时不仅要按照缺陷原先出现时的步骤重新测试，而且还要测试有可能受影响的所有功能。

1.4.5　验收测试

验收测试是部署软件之前的最后一个测试操作。验收测试的目的是确保软件准备就绪，并且可以让最终用户使用其执行软件的既定功能和任务。经集成测试后，已经按照设计把所有的模块组装成一个完整的软件系统，接着就应该进一步验证软件的有效性，这就是验收测试的任务，即软件的功能和性能如同用户所合理期待的那样。

1．验收测试标准

验收测试同其他测试一样需要制订测试计划和过程。测试计划应规定测试的种类和测试进度；测试过程则定义一些特殊的测试用例，旨在说明软件与用户需求是否一致。在制订测试计划和过程时，应该着重考虑软件是否满足合同规定的全部功能和性能，文档资料是否完整、准确，人机界面和其他方面（如可移植性、兼容性、错误恢复能力和可维护性等）是否令用户满意。

验收测试的结果有两种可能，一种是功能和性能指标满足软件需求说明的要求，用户可以接受；另一种是不满足软件需求说明的要求，用户无法接受。项目进行到这个阶段才发现严重错误和偏差，一般很难在预定的工期内改正，因此必须与用户协商，寻求一个妥善解决问题的方法。

2．配置复审

验收测试的另一个重要环节是配置复审。复审的目的在于保证软件配置齐全、分类有序。配置复审包括软件维护所必需的细节。

3．α、β 测试

大量实践表明，软件开发人员不可能完全预见用户实际使用程序的情况。因此，软件是否真正满足最终用户的要求，要由用户通过一系列“验收测试”来验证。验收测试既可以是非正式的测试，也可以是有计划、有系统的测试。有时，验收测试长达数周甚至数月。一个软件产品，可能拥有众多用户，不可能由每个用户验收，此时多采用称为 α、β 测试的过程，以期发现那些只有最终用户才能发现的问题。

α 测试是指软件开发公司组织内部人员模拟各类用户的实际使用情况对软件产品（称为 α 版本）进行测试，试图发现错误并修正。α 测试的关键在于尽可能逼真地模拟实际运行环境和用户对软件产品的操作，并尽最大努力涵盖所有可能的用户操作方式（正确的或不正确的操作方式）。

经过 α 测试调整的软件产品称为 β 版本。α 测试之后的 β 测试是指软件开发公司组织各方面的典型用户实际使用 β 版本，并要求用户记录并报告异常情况、提出批评或改进意见。然后软件开发公司再对 β 版本进行改错和完善。β 测试一般包括功能、安全可靠性、易用性、可扩充性、兼容性、效率、资源占用率、用户文档八个方面。

4．实验验收测试的常用策略

实施验收测试的常用策略有以下三种。

（1）正式验收测试

正式验收测试是一项管理严格的过程，通常是系统测试的延续。计划和设计这些测试的周密和详细程度不亚于系统测试。选择的测试用例应该是系统测试中所执行测试用例的子集，并且不要偏离所选择的测试用例方向。在某些组织中，开发组织（或其独立的测试小组）与最终用户组织的代表一起执行验收测试。在其他组织中，验收测试则完全由最终用户组织执行，或者由最终用户组织选择人员组成一个客观公正的小组来执行。在很多组织中，正式验收测试是完全自动执行的。

正式验收测试形式的优点是：

- 要测试的功能和特性都是已知的；
- 测试的细节是已知的且可以对其进行评测；
- 这种测试可以自动执行，支持回归测试；
- 可以对测试过程进行评测和监测；
- 可接受性标准是已知的。

正式验收测试形式的缺点是：

- 要求大量的资源和计划；
- 这些测试可能是系统测试的再次实施；
- 可能无法发现软件中由于主观原因造成的缺陷，因为测试人员只查找预期要发现的缺陷。

（2）非正式验收测试

在非正式验收测试中，执行测试过程的限定不像正式验收测试那样严格。在此测试中，确定并记录要研究的功能和业务任务，但没有可以遵循的特定测试用例。测试内容由各测试员决定。这种验收测试方法不像正式验收测试那样组织有序，而且更为主观。大多数情况下，非正式验收测试是由最终用户组织执行的。

非正式验收测试的优点是：

- 要测试的功能和特性都是已知的；
- 可以对测试过程进行评测和监测；
- 可接受性标准是已知的；
- 与正式验收测试相比，可以发现更多由于主观原因造成的缺陷。

非正式验收测试的缺点是：

- 无法控制所使用的测试用例；
- 用户可能沿用系统工作的方式，且可能无法发现缺陷；
- 用户可能专注于比较新系统与原系统的区别，而不是查找缺陷；
- 用于验收测试的资源不受项目控制，并且可能受到压缩。

（3）β 测试

在三种验收测试策略中，β 测试需要的控制是最少的。在 β 测试中，采用的细节多少、数据和方法完全由各测试员决定。各测试员负责创建自己的环境、选择数据，并决定要研究的功能、特性或任务。各测试员负责确定自己对于系统当前状态的接受标准。

β 测试由最终用户实施，通常开发（或其他非最终用户）组织对其管理很少或不进行管理。在所有验收测试策略中，β 测试是最主观的。

β 测试的优点是：

- 测试由最终用户实施，能更好地反映软件的质量；
- 有大量的潜在测试资源可供使用；
- 提高用户对参与人员的满意程度；

- 与正式或非正式验收测试相比，可以发现更多由于主观原因造成的缺陷。

β 测试的缺点是：

- 可能没有对所有功能和/或特性进行测试；
- 测试流程难以评价；
- 最终用户可能沿用系统工作的方式，且可能没有发现或没有报告缺陷；
- 最终用户可能专注于比较新系统与原系统的区别，而不是查找缺陷；
- 用于验收测试的资源不受项目控制，并且可能受到压缩；
- 可接受性标准是未知的；
- 需要更多辅助性资源来管理 β 测试员。

5. 验收测试的过程

验收测试是软件开发结束后，用户对软件产品投入实际应用以前进行的最后一次质量检验活动。它要回答开发的软件产品是否符合预期的各项要求，以及用户能否接受的问题。由于验收测试要对软件进行全面的质量检验，并且决定软件是否合格，因此它是一项严格的测试活动。必须制订完善的验收测试计划，并根据计划进行软件配置评审、功能测试、性能测试等多方面检测。

验收测试的一般过程如下所述。

① 软件需求分析：了解软件功能和性能要求、软硬件环境要求等，并且特别要了解软件的质量要求和验收要求。

② 编制验收测试计划和验收准则：根据软件需求和验收要求编制测试计划，制定需测试的测试项、测试策略及验收通过准则，并经过用户参与的计划评审。

③ 测试设计和测试用例设计：根据测试计划和验收准则编制测试用例，并经过评审。

④ 搭建测试环境：建立测试的硬件环境、软件环境等。

⑤ 实施测试：进行验收测试工作并记录测试结果。

⑥ 分析测试结果：根据验收通过准则分析测试结果，确定验收是否通过及做出测试评价。

⑦ 编制测试报告：根据测试结果编制缺陷报告和验收测试报告，并提交用户。

1.4.6 测试总结与报告

在测试工作结束后必须对测试的全部过程及测试记录进行分析和总结，对该项目得出综合的评价，确认软件系统的可用性，并提出对该项目的意见与建议，并写出测试报告。测试报告是测试阶段最后的文档产出物，一份详细的测试报告包含足够的信息，包括产品质量和测试过程的评价。测试报告基于测试中的数据采集及对最终测试结果的分析，其具体内容如下。

测试分析报告

1. 引言

1.1 编写目的

说明这份测试分析报告的具体编写目的，指出预期的阅读范围。

1.2 背景

说明：

被测试软件系统的名称；

该软件的任务提出者、开发者、用户及安装此软件的计算中心，指出测试环境与实际运行环境之间可能存在的差异及这些差异对测试结果的影响。

1.3 定义

列出本文件中用到的专业术语的定义和外文首字母组词的原词组。

1.4 参考资料

列出要用到的参考资料，例如：

本项目经核准的计划任务书或合同、上级机关的批文；

属于本项目的其他已发表的文件；

本文件中各处引用的文件、资料，包括所要用到的软件开发标准。列出这些文件的标题、文件编号、发表日期和出版单位，说明能够得到这些文件资料的来源。

2．测试概要

用表格的形式列出每一项测试的标识符及其测试内容，并指明实际进行的测试工作内容与测试计划中预先设计的内容之间的差别，说明作出这种改变的原因。

3．测试结果及发现

3.1 测试 1（标识符）

把本项测试中实际得到的动态输出（包括内部生成数据输出）结果与对于动态输出的要求进行比较，陈述其中的各项发现。如表 1-3 所示。

表 1-3 测试情况表

<table>
<tr><td>设计人</td><td colspan="2"></td><td>测试人</td><td></td><td>功能编号</td><td>（按顺序自行编号）</td></tr>
<tr><td>功能组</td><td colspan="2">（如主页、政务公开频道）</td><td>功能点</td><td>（如用户登录）</td><td>测试日期</td><td></td></tr>
<tr><td colspan="7">测试环境及前提</td></tr>
<tr><td>测试 URL</td><td colspan="6"></td></tr>
<tr><td>测试条件</td><td colspan="6">（例如：已注册用户。如果用户没有注册，先进行用户注册）</td></tr>
<tr><td colspan="7">测 试 项 目 及 内 容</td></tr>
<tr><td>测试步骤</td><td>输 入 项</td><td colspan="2">预期输出项</td><td colspan="3">实 际 输 出</td></tr>
<tr><td>1</td><td></td><td colspan="2"></td><td colspan="3"></td></tr>
<tr><td>2</td><td></td><td colspan="2"></td><td colspan="3"></td></tr>
<tr><td>3</td><td></td><td colspan="2"></td><td colspan="3"></td></tr>
<tr><td colspan="7">测试结论</td></tr>
<tr><td>测试记录</td><td colspan="2"></td><td colspan="2">总体结论</td><td colspan="2">□通过 □基本通过 □未通过</td></tr>
</table>

3.2 测试 2（标识符）

用类似本报告 3.1 节的方式给出第 2 项及其后各项测试内容的测试结果和发现。

4．对软件功能的结论

4.1 功能 1（标识符）

4.1.1 能力

简述该项功能，说明为满足此项功能而设计的软件能力及经过一项或多项测试已证实的能力。

4.1.2 限制

说明测试数据值的范围（包括动态数据和静态数据），列出就这项功能而言，测试期间在该软件中查出的缺陷、局限性。

4.2 功能 2（标识符）

用类似本报告 4.1 节的方式给出第 2 项及其后各项功能的测试结论。

…………

5. 分析摘要

5.1 能力

陈述经测试证实了的本软件的能力。如果所进行的测试是为了验证一项或几项特定性能要求的实现，应提供这方面的测试结果与要求进行比较，并确定测试环境与实际运行环境之间可能存在的差异对能力测试所带来的影响。

5.2 缺陷和限制

陈述经测试证实的软件缺陷和限制，说明每项缺陷和限制对软件性能的影响，并说明全部测得的性能缺陷的累积影响和总影响。

5.3 建议

对每项缺陷提出改进建议，例如：

各项修改可采用的修改方法；

各项修改的紧迫程度；

各项修改预计的工作量；

各项修改的负责人。

5.4 评价

说明该项软件的开发是否已达到预定目标，能否交付使用。

6. 测试资源消耗

总结测试工作的资源消耗数据，如工作人员的水平、级别、数量，机时消耗等。

习题

1. 什么是软件缺陷？它是如何产生的？
2. 什么是软件测试？它有哪些特性？
3. 软件测试的目标是什么？在软件测试中应该遵循哪些原则？
4. 从软件工程的角度来看，软件测试主要分为哪几个阶段？
5. 什么是软件质量？软件质量管理包括哪些过程？
6. 模块组装方式有哪些？哪些方式更好？为什么？
7. 增量式集成方式有几种？它们各有什么特点？
8. 为什么软件测试只能检测软件中存在错误，而不能证明软件中没有错误？

第2章　软件开发过程

软件测试是软件开发过程中的一个重要阶段，软件测试人员必须了解软件的开发过程。软件产品的开发过程是非常复杂的，随着软件工程技术的发展，众多的软件开发方法应运而生，技术日益成熟。

2.1　软件及其特征

随着计算机硬件的飞速发展，软件在规模、功能、性能方面也得到了巨大的发展，同时人们对软件质量的要求也越来越高。那么，什么是软件？软件有哪些特征呢？

2.1.1　软件定义

随着计算机知识的普及，大多数用户都在一定程度上对软件有了一些了解。有人认为软件就是一个计算机程序，这种理解是很不完全的。现在一般认为软件是由能够完成预定功能和性能的一组计算机程序、能被充分操作的数据结构、描述程序设计和使用的文档三部分组成的。简明地表示，可以写成软件=程序+数据+文档。

程序是为了解决某个（些）特定问题而用程序设计语言描述的适合计算机处理的语句序列。它们是由软件开发人员设计和编码产生的，通常开发人员编制的程序原代码要经过编译程序，才能生成计算机可执行的机器语言指令序列。数据是软件的处理对象。程序在执行时，一般要输入一定的数据，也会输出中间结果和最终结果。这里所说的文档是软件开发设计过程中各种活动的记录，主要供开发人员和用户阅读。文档既用于开发人员和用户之间的通信和交流，也用于软件开发过程的管理和运行阶段的维护。为了提高软件开发的效率、提高软件质量、便于软件开发过程的管理及软件的维护，现在软件开发人员越来越重视文档的作用及其标准化工作。我国参照国际标准陆续颁布了《计算机软件文档编制规范》（GB/T 8567—2006）、《计算机软件需求规格说明指南》（GB/T 9385—2008）、《计算机软件测试文件编制规范》（GB/T 9386—2008）和《计算机软件单元测试》（GB/T 15532—1995）等文档规范。

2.1.2　软件的特征

要对软件有一个全面的理解，必须了解软件的特征。

1．软件是一种逻辑实体，具有抽象性

软件与计算机硬件或其他工程对象有明显的差别。虽然人们可以将软件记录在纸面上或保存在计算机的存储器里或存储在磁盘、磁带、光盘等存储介质中，但无法看到软件的形态，只有通过分析、思考、判断或运行软件去了解其功能、性能及其他特性。

2．软件的生产不同于硬件的制造

与硬件生产制造相比，软件开发是人的智力的高度发挥，更依赖于开发人员的素质、智力，以及人员的组织、合作和管理。在软件开发过程中没有明显的制造过程，也不像硬件那样，在制造过程中进行质量控制，以保证产品的质量。软件是通过人们的智力活动，把知识与技术转化成一种产品。所以，对软件的质量控制必须着重于其开发过程。就硬件而言，其成本往往只占整个产品成本的一小部分，而软件开发成本比较高，通常占整个产品的大部分。

3．软件不会"磨损"

任何硬件设备在运行和使用过程中，都会随着时间的推移产生机械磨损和老化。其故障率变化曲线俗称"浴盆曲线"，如图 2-1（a）所示。硬件在投入使用初期，各部件尚未做到配合良好、运转灵活，容易出现缺陷和问题。经过一段时间的运行，随着这些缺陷和问题不断被发现和修正，故障率会减少，最后稳定在一个较低的水平。经过相当长的时间运行使用，设备会出现磨损和老化，故障率越来越大，最终设备会被报废。软件与硬件有很大区别，它没有磨损、老化问题，但存在退化问题，其故障率曲线如图 2-1（b）所示。在软件运行使用过程中，为了使软件克服尚未发现的缺陷、使它更好地适应硬件和软件环境的变化及用户需求的变化，必须对软件进行各种维护（修改），而这些维护（修改）不可避免地会引入新的错误，导致软件故障率不断升高，使得软件退化，最终被放弃。

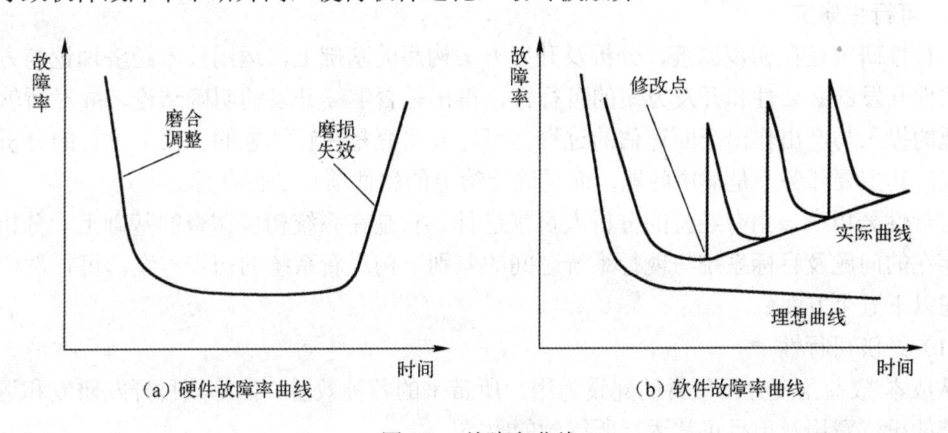

图 2-1　故障率曲线

4．软件开发和运行对计算机系统有依赖性

计算机系统虽然是由硬件和软件两部分组成的，但是，软件不能脱离硬件而单独使用。任何软件的开发和使用都是以硬件提供的条件为依据的。有的软件对硬件的依赖性很大，常常为某个型号的计算机所专用，这给软件的使用带来许多不便。为了克服这种依赖性，人们在软件开发中提出了软件可移植性的问题，并把可移植性作为衡量软件质量的要素之一。

5．软件的开发是一个复杂的过程

软件要实现的是人类大脑的部分功能，或是某部分功能的加强。软件所反映的实际问题是复杂的，例如，它所反映的自然规律或现实社会中的各种事务，都有一定的复杂性。软件开发，特别是应用软件的开发常常涉及多个领域的知识。因此，软件是复杂的，其开发过程也必然是复杂的。

2.2 软件生命周期

世界上任何事物都要经历形成、发展、衰落、消亡的过程。一个软件从它发生到消亡的过程被称为软件的生命周期。软件生命周期一般划分为三个阶段：软件定义、软件开发和软件维护。

软件定义阶段的主要任务是确定软件开发工作必须完成的总体目标；确定软件的功能、性能、数据、质量等方面的要求；对完成该软件项目需要的资源、成本、效益、进度作出估计，并制订出实施计划。软件定义通常由问题定义、可行性研究和需求分析三个部分组成。软件开发阶段的主要任务是具体设计和实现所定义的软件。通常由总体设计、详细设计、编码和测试四部分组成。软件维护阶段的主要任务是保证软件的正常运行，完成规定的功能，持久地满足用户的需要。维护阶段通常不再进一步划分。

1．问题定义

这一阶段主要是确定“用户要解决什么问题”。首先由用户提出需要解决的问题，再由系统分析人员通过分析和对问题的理解，提出关于问题性质、软件目标及规模的报告，请用户审查认可。

2．可行性研究

可行性研究是在初步调查、分析及开发方案构想的基础上，运用技术经济理论与方法，分析软件开发的必要性和开发方案的可行性，得出是否继续开发的明确结论，并对新软件系统实现的投入与产出作出全面评估的过程。可行性研究是在较抽象的层次上进行的分析与设计过程，其主要任务不是解决问题，而是确定给定的软件项目是否有解。

可行性分析应该由有经验的分析人员来进行。它是在系统初步调查的基础上，分析现行系统存在的问题及目标系统与现行系统之间的差别，构思新系统的初步方案。可行性研究着重考虑以下五个方面。

（1）经济可行性

从成本/效益角度分析项目的建设为用户所带来的各种效益。估算项目开发研制和运行维护所需的投资费用及项目正常运行所得到的收益。

投资的费用一般包括以下几种。

① 硬件设备的费用：包括计算机、网络设备、输入输出设备及其他相关的配套设施，如机房设施等。

② 软件费用：包括需要购买的软件（如系统软件和软件包等）、软件开发费用及人员培训费等。

③ 材料费用：项目研制开发所用的材料、各种能源与消耗品所需的费用，以及维护其他设备而使用的零配件等的费用。

④ 其他费用：由于项目投入使用带来工作方式改变而需要的其他开支、系统正常运行期间的维护、保养费用等。

效益的估计一般包括：

① 节省人力、物力，减轻劳动强度；

② 降低生产成本，节省开支；

③ 提高产品质量、管理水平，增强了竞争能力；

④ 提高了信息处理的工作效率及信息处理的及时性和准确性；

⑤ 提高了管理人员的素质。

（2）技术可行性

主要从项目实施的技术角度，合理设计技术方案，并进行比选和评价。通过对用户要求的功能、性能及限制条件的分析，确定使用现有技术能否实现目标系统。同时考虑能否得到所需要的软件和硬件资源，能否组织一个熟练的开发队伍，以及现有的开发技术是否达到开发系统所要求的水平。

（3）组织可行性

制订合理的项目实施进度计划、设计合理的组织机构、选择经验丰富的管理人员、建立良好的协作关系、制订合适的培训计划等，保证项目顺利执行。

（4）社会及法律可行性

分析项目是否符合当前社会生产管理经营体制要求，考虑系统开发是否可能导致违法。例如，涉及知识产权、生产安全或其他与国家法律相违背的问题。

（5）风险因素及对策

主要对项目的市场风险、技术风险、财务风险、组织风险、法律风险、经济及社会风险等因素进行评价，制定规避风险的对策，为项目全过程的风险管理提供依据。

可行性研究的结果是"可行性研究报告"，它是用户决策是否继续进行该软件项目的重要依据。

3．需求分析

确定软件开发可行后，对需要软件实现的各个功能进行详细分析。需求分析阶段是一个很重要的阶段，这一阶段做得好，将为整个软件开发项目的成功打下良好的基础。同样需求也是在整个软件开发过程中不断变化和深入的，因此必须制订需求变更计划来应付这种变化，以保证整个项目的顺利进行。

需求分析就是运用系统的观点和方法，对软件需要实现的各个功能、环境和数据进行详细分析，从而得出软件目标和功能模型的过程。需求分析阶段是一个很重要的阶段，这一阶段的根本任务是准确地回答"为满足用户的需要，系统做什么？"即尽可能理解和表达用户对软件的需求，调查现行系统的资源、输入、处理和输出，确定新软件的基本目标和逻辑功能要求，即完成新软件的逻辑模型。需求分析的结果用"软件需求说明书"的形式准确地表达出来，它包括对软件的功能需求、性能需求、环境约束和限制条件、外部接口等描述。"软件需求说明书"既是对用户认可的软件系统逻辑模型的描述，也是进行软件设计的依据。

4．总体设计

总体设计的主要任务是设计一个能够实现用户需求的理想的系统结构。总体设计就是根据系统分析阶段所提出的逻辑模型，把系统功能划分为若干个子系统，再把子系统分解成功能单一、彼此相对独立的模块，形成有层次的模块结构，即总体设计完成系统的模块结构设计。软件的体系结构从总的方面决定了软件系统的可扩充性、可维护性及系统的性能。其过程如图 2-2 所示。

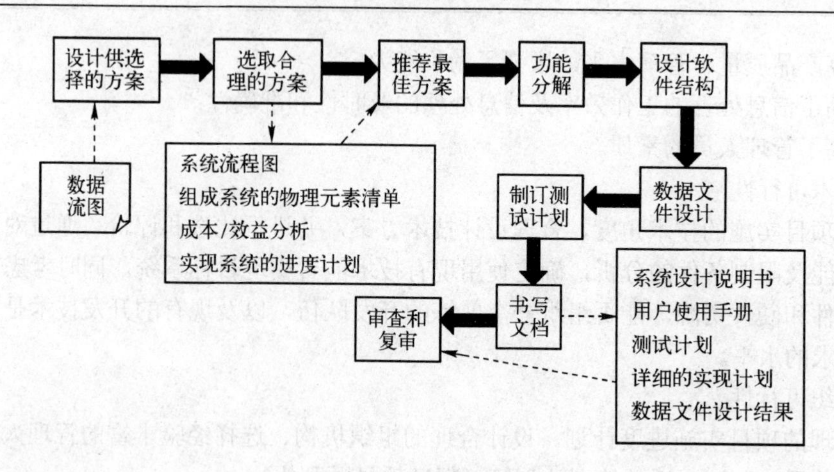

图 2-2 总体设计过程

（1）设计供选择的方案

从数据流图出发，把流图中的处理进行逻辑的组合，不同的组合可能就是不同的实现方案。分析各个方案，抛弃行不通的方案，提供低成本、中成本、高成本等不同的方案供用户选择。

（2）推荐最佳的实现方案

比较各个合理方案的利弊，选择一个最佳的方案向用户推荐，并为所推荐的方案制订详细的实现计划。

（3）软件结构设计

定义软件系统各主要部分之间的相互关系。

（4）数据文件设计

根据数据存储和用户需求设计数据存储文件（或是数据库）。

（5）制订测试计划

在确定软件结构的基础上，确定测试要求并制订软件测试计划。

5. 详细设计

详细设计阶段的根本目标是根据总体设计阶段得到的软件模块结构，给出软件模块的内部过程描述，确定应该怎样具体地实现所要求的系统。这一阶段的任务不是具体地编写程序，而是要设计出程序的“蓝图”，以后程序员将根据这个蓝图编写出实际的程序代码。因此，详细设计的结果基本上决定了最终程序代码的质量。

6. 编码

编码阶段是软件开发过程的核心，此阶段将软件设计的结果转换成计算机可运行的程序代码。编程语言的性能和编码风格，对软件的质量和维护性能有很大的影响。因此，在程序编码中必须要制定统一、符合标准的编写规范，以保证程序的可读性、易维护性，提高程序的运行效率。

7. 测试

软件设计完成后要经过严密的测试，以发现在整个设计过程中存在的问题并加以纠正。整个测试过程分单元测试、组装测试及系统测试三个阶段进行。测试的方法主要有白盒测试和黑盒测试两种。在测试过程中需要建立详细的测试计划并严格按照计划测试，以减少测试的随意性。

8．运行维护

软件维护是软件生命周期中持续时间最长的阶段。在软件开发完成并投入使用后，由于多方面的原因，软件不能继续适应用户的要求。要延续软件的使用寿命，就必须对软件进行维护。软件的维护包括以下几种。

① 改正性维护：识别和纠正软件的功能与实现错误，改正软件性能上的缺陷。

② 适应性维护：为使软件适应环境、数据等方面的变化而修改软件。

③ 完善性维护：改善软件的性能或扩充软件的功能。

④ 预防性维护：为了以后便于维护，或为了提高软件的可靠性，或提供更好的基础便于将来提高性能。

2.3 软件开发模型

软件开发模型是软件开发全部过程、资源、活动和任务的结构框架，它规定了完成各项任务的工作步骤。它清楚、直观地表达了软件开发过程。

国外大的软件公司和机构一直在研究软件开发方法，随着软件工程的实践，相继提出了很多软件开发模型，如瀑布模型、快速原型模型、V 模型、螺旋模型和喷泉模型等。

2.3.1 瀑布模型

瀑布模型是在 1970 年由 Royce 首先提出的，20 世纪 80 年代一直被广泛使用。它是一种线性顺序模型。其核心思想是按工序将问题化简，将功能的实现与设计分开，便于分工协作，即采用结构化的分析与设计方法将逻辑实现与物理实现分开。瀑布模型将软件生命周期的各项活动规定为自上而下、相互衔接的固定次序，如同瀑布流水逐级下落，最终得到软件产品。其过程如图 2-3 所示。

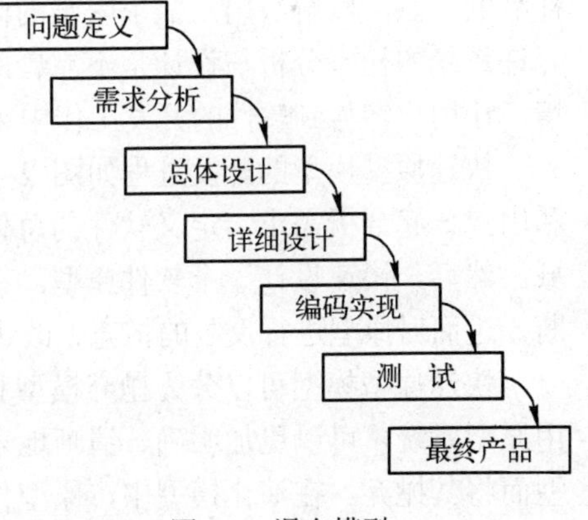

图 2-3　瀑布模型

瀑布模型将软件开发过程分为问题定义、需求分析、总体设计、详细设计、编码实现和测试等若干个既相互联系又彼此区别的开发阶段，每个阶段的工作都以上一阶段的工作成果为基础，每一个步骤都有可交付的产品，且此产品是可以复审的。同时，又为下一阶段的工作提供前提。

瀑布模型具有以下五个特点：

① 各阶段之间具有顺序性和依赖性；

② 推迟实现的观点；

③ 质量保证的观点；

④ 连续无反馈；

⑤ 软件错误积累与放大。

瀑布模型是使用最广泛的软件开发模型，它有许多优点，如强调开发人员与用户的紧密结合，而且在开发策略上更强调“自上而下”，注重开发过程的整体性和全局性；它比较直观地描述了软件开发的全貌，使得开发人员清楚正在生产什么，开发工作正处于哪个阶段。

在长期的软件开发实践中，瀑布模型也暴露出一些缺点：

- 整个软件开发工作依赖于唯一的一次需求调查和分析；
- 开发过程复杂烦琐、周期长，系统难以适应环境和用户需求的变化；
- 由于测试工作是在软件开发的最后阶段进行的，所以，一些根本性的缺陷在早期被掩盖，直到最后才可能发现，使得软件的开发周期和费用不易控制；
- 由于瀑布模型几乎完全依靠各种书面文档，因此，可能导致最终开发出的软件产品不能真正满足用户的需求。

2.3.2 快速原型模型

随着软件开发经验的增多，人们发现并非所有的需求都能够预先定义，并且反复修改是不可避免的。另外，开发工具的快速发展，如 PB、Delphi 等开发工具，使人们可以迅速地开发出一个可让用户看得见、摸得着的系统框架，这样，对于计算机不是很熟悉的用户就可以根据这个样板提出自己的需求。

所谓原型，是指由系统分析人员与用户合作，在短期内定义用户基本需求的基础上，开发出的一个只具备基本功能、实验性、简易的应用软件。

所谓原型模型，是指借助于功能强大的辅助系统开发工具，按照不断寻优的设计思想，通过反复的完善性实验而最终开发出符合用户要求的管理信息系统的过程和方法。

快速原型模型的基本思想：在软件生产中，引进在工业生产设计阶段和生产阶段中试制样品的方法，以解决用户需求困难的问题。它不苛求一次性完成系统的分析与设计工作，也允许系统的初步分析与设计是不完善的，需要进一步修改，但需要有一个快速反馈的开发环境，让用户参与到软件的开发工作中来，与设计者一起共同完善、修改并确立需求规格。

快速原型模型的开发过程如图 2-4 所示。快速原型模型从收集用户需求开始，开发人员和用户一起分析需求，定义软件的总体目标，标识出已知的需求，规划需要进一步定义的区域。然后，快速设计一个软件原型。在此基础上，用户和开发人员对目标系统进行评价和判断，进而对原型进行反复的扩充、改进和求精，最终建立符合用户需求的目标软件。

快速原型模型可以分为抛弃模型和演化模型。在抛弃模型中，原型开发后，用户通过使用原型系统，可以更加明确、清晰地表达需求。当获得更加清晰的需求信息后，不需保留原型而将其抛弃。在演化模型中，原型作为最终产品的一部分，可以满足用户的部分需求，经过用户试用后，开发人员根据用户反馈的信息，实施开发的迭代过程，对初始原型不断扩充、完善、迭代，最终产生目标软件产品。

原型模型的优点包括：

- 改进了用户和软件开发人员的信息交流方式；
- 对用户需求的变化响应较快，用户满意程度提高；
- 开发出的软件产品能更好地满足用户的要求；
- 减少了用户培训时间，简化了管理。

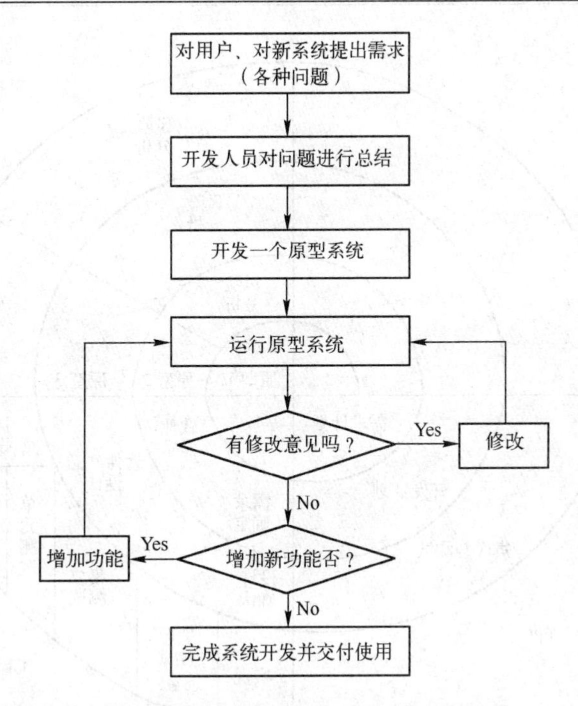

图 2-4　快速原型模型开发过程流程图

虽然原型模型比较受用户和开发人员的欢迎，但它仍存在一些不足：

- 不是非常适应计算机化；
- 解决复杂系统和大系统问题很困难；
- 管理水平要求高；
- 系统的交互方式必须简单明了。

2.3.3　螺旋模型

螺旋模型是目前实际开发中最常用的一种软件开发模型，它在结合瀑布模型和快速原型模型的基础上还增加了风险分析，如图 2-5 所示。螺旋模型是一种迭代模型，每迭代一次，螺旋线就前进一周。每个周期对应一个开发阶段，每转一周便开发出更为完善的一个软件版本，直到最终获得目标系统。当项目按照顺时针方向沿螺旋移动时，每一个螺旋周期均包含了风险分析，并按以下四个步骤进行。

（1）制订计划

确定软件目标，选择实施方案，界定约束条件，确定完成本周期的策略。

（2）风险分析

分析该策略可能存在的风险，考虑如何识别和消除风险。必要时，使用原型来确定风险的大小，并据此作出该软件项目继续还是终止的决策。

（3）工程实施

进行软件开发，实现本次螺旋周期的目标。

（4）用户评价

评价本螺旋周期的工作成果，提出修改意见，并计划下一周期的工作。

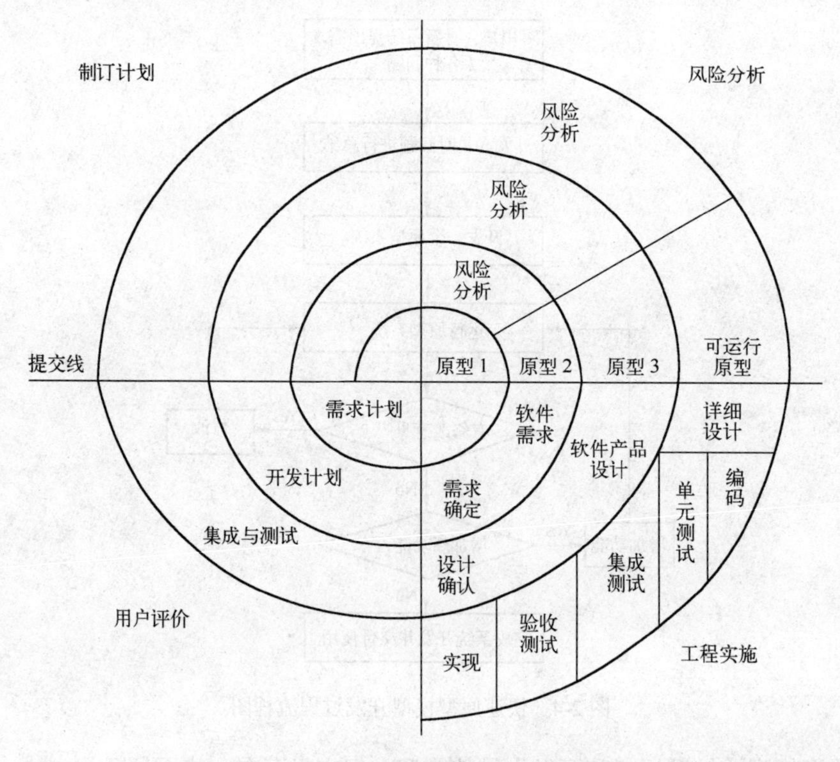

图 2-5　螺旋模型

对于高风险的大型软件，螺旋模型是一个比较理想的开发模型。因为随着软件开发过程的进展，开发人员和用户都能更好地了解第一个演化级的风险，并采取相应的措施。它利用快速原型作为降低风险的机制，在每次迭代演化中应用原型方法；同时，在总体开发框架上，保留了传统瀑布模型中的系统性、顺序性和阶段性的特点，并将两者融合在一起，更加真实地反映了现实世界。

螺旋模型的优点比较明显，概括起来主要有以下几点：

- 强调严格的全过程风险管理；
- 减少了过多测试或测试不足带来的风险；
- 强调软件的开发质量；
- 提供机会检查项目是否有必要继续下去。

螺旋模型的优点在于，它是风险驱动的，但也有不足之处，让许多用户相信软件开发过程中的风险是可控的并不容易；使用该模型开发软件的成败，很大程度上依赖于风险评估的成败，因此，需要具有相当丰富的风险评估经验和专门知识，如果一个大的风险未被及时发现，将产生严重的后果；过多的迭代周期也会增加开发成本和时间。

2.3.4　V 模型

软件测试模型与软件测试标准的研究也随着软件工程的发展而越来越深入，在 20 世纪 80 年代后期 Paul Rook 提出了 V 模型。与传统的瀑布模型相比，V 模型更强调软件测试过程与分析、设计等开发过程的关联，如图 2-6 所示。V 模型反映了测试活动与分析设计活动的关系。在图中，从左到右描述了基本的开发过程和测试行为，非常明确地标注了测试过程中存在的不同类型的测试，并且清楚地描述了这些测试阶段和开发过程期间各阶段的对应关系。

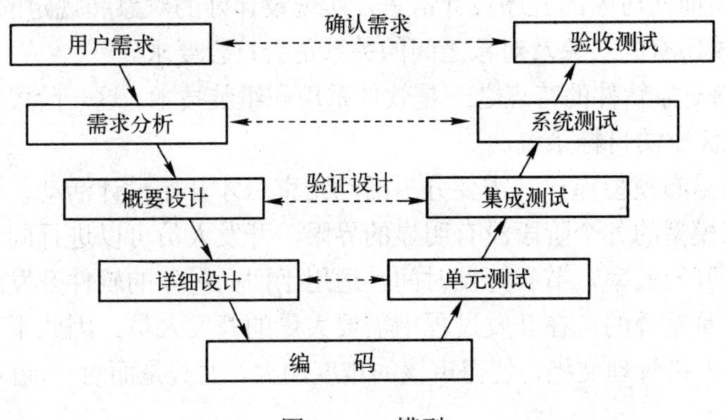

图 2-6　V 模型

V 模型要求：单元测试和集成测试应检测程序的执行是否满足软件设计的要求；系统测试应检测系统功能、性能的质量特性是否达到系统要求的指标；验收测试确定软件的实现是否满足用户需要或合同的要求。在 V 模型中，如果在测试过程中发现问题，则左侧与之对应的开发过程将被重新执行，以提高软件的需求分析、设计和编码质量。但 V 模型存在一定的局限性，它仅仅把测试作为编码之后的一个阶段，是针对程序进行的寻找错误的活动，而忽视了测试活动对需求分析、系统设计等活动的验证和确认功能。

2.3.5　喷泉模型

喷泉模型是 B. H. Sollers 和 J. M. Edwards 在 1990 年提出的一种新的软件开发模型，它是一种以用户需求为动力、以对象为驱动的模型，主要用于支持面向对象的软件开发过程。在喷泉模型中，软件开发过程自下而上周期的各阶段是相互重叠和多次反复的，就像水喷上去又可以落下来，类似一个喷泉。各个开发阶段没有特定的次序要求，并且可以交互进行，可以在某个开发阶段中随时补充其他任何开发阶段中的遗漏。喷泉模型如图 2-7 所示。

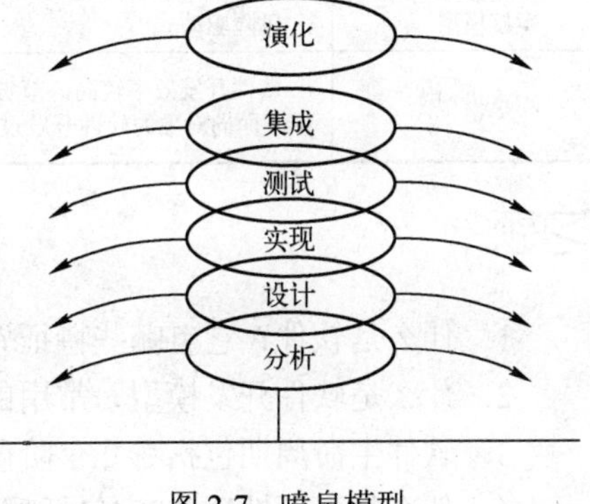

图 2-7　喷泉模型

喷泉模型体现了软件创建所固有的迭代和无间隙的特征。迭代性是指系统有些部分常常重复工作多次，相关功能在每次迭代中随之加入演化的系统。无间隙是指在分析、设计、实现等开发活动之间不存在明显边界。使用喷泉模型开发软件项目时，软件的某个部分通常被重复多次，相关对象在每次迭代中随之加入渐进的软件成分。各活动之间无明显边界，如设计和实现之间没有明显的边界，这也称为“喷泉模型的无间隙性”。由于对象概念的引入，表达分析、设计及实现等活动只用对象、类和关系，从而可以较容易地实现活动的迭代和无间隙。

① 分析：这个阶段的主要目标是建立系统模型，将现实世界的事物抽象为结构清晰、容

易理解的系统中的对象，建立系统的对象模型和过程模型。

② 设计：给出对象模型和过程模型的规范和详细描述。

③ 实现：运用面向对象的程序设计语言，实现设计好的对象和规定的过程。

④ 测试：测试所有的对象及对象之间的关系是否符合要求。

⑤ 集成：面向对象软件的特点之一是软件重用和组装技术。这一阶段的任务就是将对象组装在一起，构成完整的目标系统。

喷泉模型不像瀑布模型那样，需要分析活动结束后才开始设计活动，设计活动结束后才开始编码活动。该模型的各个阶段没有明显的界限，开发人员可以进行同步开发。其优点是可以提高软件项目开发效率，节省开发时间，适用于面向对象的软件开发过程。由于喷泉模型在各个开发阶段是重叠的，在开发过程中需要大量的开发人员，因此不利于项目的管理。此外这种模型要求严格管理文档，使得审核的难度加大，尤其是面对可能随时加入各种信息、需求与资料的情况。

2.3.6 各种模型的比较

每个软件开发组织应该选择适合于该组织的软件开发模型，并且应该随着当前正在开发的特定产品特性而变化，以减小所选模型的缺点，充分利用其优点，表 2-1 列出了几种常见模型的优缺点。

表 2-1 几种常见模型的优缺点

模　型	优　点	缺　点
瀑布模型	文档驱动	系统可能不满足客户的需求
快速原型模型	关注满足客户需求	可能使系统设计差、效率低，难于维护
增量模型	开发早期反馈及时，易于维护	需要开放式体系结构，可能会设计差、效率低
螺旋模型	风险驱动	风险分析人员需要有经验且经过充分训练
喷泉模型	软件开发效率较高，节省开发时间，适应于面向对象的软件开发过程	开发人员较多，因此不利于项目的管理。由于要求严格管理文档，使得审核的难度加大，尤其是面对可能随时加入各种信息、需求与资料的情况

习题

1. 什么是软件？它有哪些特征？
2. 什么是软件开发模型？常用的软件开发模型有哪些？
3. 软件生命周期包括哪几个阶段？
4. 什么是可行性研究?它包括哪几个方面?
5. 简述软件开发的几种模型，并比较它们的优缺点及各自适用的场合。
6. V 模型有哪些要求？

第 3 章　测试技术基础

软件测试是软件开发过程的重要组成部分，用来确认一个软件的质量或性能是否符合“软件系统规格说明书”规定的要求。软件测试是在软件投入运行前，对软件需求分析、设计规格说明和编码的最终复审，是软件质量保证的关键步骤。

软件测试的方法和技术是多种多样的。可以从不同的角度加以分类：

① 从是否需要执行被测软件的角度，可分为静态测试和动态测试；

② 从测试是否针对软件内部结构和具体算法的角度来看，可分为白盒测试和黑盒测试。

软件测试技术分类如图 3-1 所示。

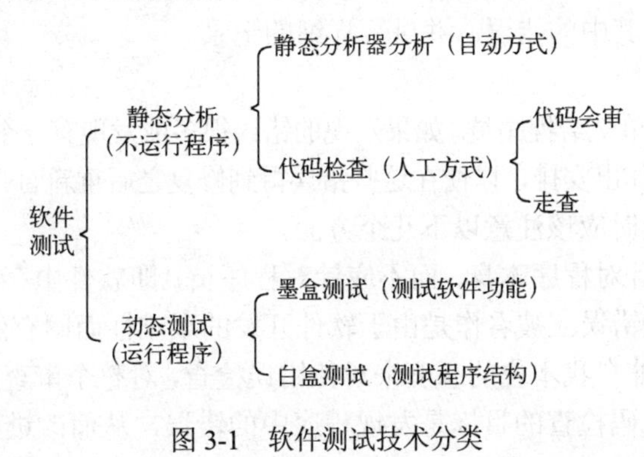

图 3-1　软件测试技术分类

3.1　代码检查

代码检查包括代码会审和走查。主要检查代码和设计的一致性，代码对标准的遵循、可读性，代码逻辑表达的正确性，代码结构的合理性等方面；通过代码评审发现违背代码编写标准的问题，程序中不安全、不明确和模糊的部分，找出程序中不可移植部分及违背程序编程风格等问题，包括变量命名、使用和类型审查、程序逻辑审查、程序语法检查和程序结构检查等内容。

在实际使用中，代码检查比动态测试更有效率，能快速找到缺陷，可以发现 30%～70%的逻辑设计和编码缺陷。代码检查非常耗费时间，而且需要知识和经验的积累。代码检查应在编译和动态测试之前进行，在检查前应准备好需求描述文档、程序设计文档、程序的源代码清单、代码编码标准和代码缺陷检查表等文档资料。

3.1.1　代码会审

代码会审是由一组人通过阅读、讨论和争议对程序进行静态分析的过程。代码审查小组通常由三部分人员组成。一是组长，一般由能力较强的程序员担任，但他不能是待审程序的作者。其职责是为代码审查会准备并分发资料，安排并主持会议，记录所有已查出的错误，并且保证这些错误随之得以改正。二是待审程序的设计者或程序员，负责讲述待审程序。三是测试专家，根据程序员的讲述对待审程序加以审查和评价。会审小组在充分阅读待审程序文本、控制流程图及有关要求、规范等文件的基础上，召开代码审查会。代码审查会的时间和地点要安排好，以免受外界干扰。审查会每次开会的时间最好是 90～120 分钟。

在代码审查会召开前，组织者要把待审的程序清单和设计规范分发给与会者，并要求他们在会议之前熟悉这些资料。

1. 会议期间

首先，由程序员逐句讲述待审程序的逻辑。其间大家提出问题深入追究，以揭示错误的关键所在。实践表明，程序员在讲解过程中能发现许多自己原来没有发现的错误，而讨论和争议则会进一步促使问题的暴露。例如，对某个局部性小问题修改方法的讨论，可能发现与之有牵连甚至能涉及整个模块的功能、模块间接口或系统总体结构的大问题，导致对需求定义的重新定义、重新设计验证，进而大大提高软件的质量。然后，根据常见程序错误检查清单详细分析程序，找出其中的错误，并进行详细的记录。

2. 会议之后

把已查出的错误清单交给程序员。如果发现的错误很多或发现有一个错误需要对程序做重大更改，那么组织者就应作出安排，以便在这些错误得到修复之后重新召开会议审查这个程序。

在对代码进行审查时应该注意以下几个方面。

① 提出的建议应针对程序本身，而不应针对程序员，即软件中存在的错误不应被视为编程者本身的弱点，这些错误应被看作是由于软件开发的艰难性而固有的。

② 程序员必须以非自我本位的态度来对待错误检查，对整个审查过程采取积极和建设性的态度；应该认识到代码检查的目标是发现程序中的错误，从而改进程序的质量，而非是对程序员本人的攻击。

使用错误检查清单来发现程序的一般性错误是审查会的一个重要环节。常见程序错误检查清单如表 3-1 所示。

表 3-1 常见程序错误检查清单

1. 数据引用错误	（1）程序中是否引用了未初始化变量?
	（2）数组和字符串的下标是否为整数?
	（3）数组和字符串的下标是否在范围内?
	（4）指针运算正确吗?
	（5）是否在应该使用常量的地方使用了变量?
	（6）是否为引用的指针分配内存?
2. 数据声明错误	（1）所有的变量是否都显式声明过?
	（2）缺省属性使用得正确吗?
	（3）数组与字符串的初始化正确吗?
	（4）变量定义是否正确（长度、类型、存储类型）?
	（5）变量赋值是否符合数据类型的转换规则?
	（6）是否为变量赋予不同类型的值?

续表

2. 数据声明错误	（7）变量的命名是否相似?
	（8）是否存在声明过，但从未引用的变量?
	（9）数据结构在函数和子程序中的引用是否明确定义了其结构?
3. 运算错误	（1）进行数组的检索及其他操作中，是否会出现“漏掉一个这种情况”？
	（2）有对非算术变量进行运算的吗?
	（3）计算中是否使用了不同数据类型的变量?
	（4）有不同长度的变量之间的运算吗?
	（5）运算的中间结果有无上溢或下溢?
	（6）除数是否可能为零?
	（7）变量值是否超过有效范围?
	（8）运算符优先级用得是否正确?
	（9）整数除法运算是否正确?
	（10）数值计算是否会出现溢出（向上或向下）的情况?
	（11）某些计算是否会丢失计算精度?
	（12）计算式的求值顺序是否容易让人感到混乱?
4. 比较错误	（1）比较是否正确?
	（2）有混合类型变量的比较吗?
	（3）是否存在分数和浮点数的比较?
	（4）每一个逻辑表达式是否都得到了正确表达?
	（5）运算符优先级使用得是否正确?
	（6）能否正确处理布尔表达式?
	（7）逻辑表达式的操作数是否均为逻辑值?
5. 控制流程错误	（1）程序中的 Begin…End 和 Do…While 等语句中，End 是否对应?
	（2）程序、模块、子程序和循环是否能够终止?
	（3）是否存在永不执行的循环?
	（4）是否存在多循环一次或少循环一次的情况?
	（5）循环变量是否在循环内被错误地修改?
	（6）多路转移是否越界?
	（7）可能的“循环失败”处理是否正确?
6. 输入/输出错误	（1）文件是否被正确地打开?
	（2）格式说明与 I/O 语句是否一致?
	（3）是否使用了未打开的文件?
	（4）文件是否正确地结束?
	（5）I/O 错误处理了吗?
7. 接口错误	（1）子程序（函数和方法）接受的参数类型、大小、次序是否与调用模块相匹配?
	（2）函数的返回值类型是否正确?
	（3）全局变量定义和用法在各个模块中是否一致?
	（4）是否修改了只作为输入用的参数?
	（5）常量是否被作为形式参数进行传递?

续表

8. 其他检查	（1）同一程序内的代码书写是否为同一风格?
	（2）代码布局是否合理、美观?
	（3）注释是否符合既定格式?
	（4）注释是否正确反映代码的功能?
	（5）程序中函数、子程序块分界是否明显?

3.1.2 走查

走查是以小组为单元进行代码阅读的，同样也是一系列规程和错误检查技术的集合。代码走查也采用召开代码审查会的形式。代码走查小组成员一般由三至五人组成：一人为组长；一人担任秘书角色，负责记录所有查出的错误；还有一人担任测试人员。不过最佳的组合应该是：一位经验丰富的程序员；一位程序设计语言专家；一位程序员新手（可以给出新颖、不带偏见的观点）；一位其他不同项目的人员；一位该软件编程小组的程序员。

测试的流程跟代码会审很类似。稍有不同的是：代码走查是参与者“使用了计算机”。即在会议期间，测试人员使用事先设计好的测试用例（程序或模块具有代表性的输入集及预期的输出集），对待审程序在人们头脑中进行推演，即把测试数据沿程序的逻辑结构走一遍，并把程序的状态（如变量的值）记录在纸张上以供监视。

需要注意的是，测试用例必须结构简单、数量较少。因为提供这些测试用例，目的不是在于其本身对测试起了关键作用，而是其提供了启动代码走查和质疑程序员逻辑思路及其设计的手段。实践证明，在大多数代码走查中，很多问题是在向程序员提问的过程中发现的，而不是由测试用例本身直接发现的。

3.2 黑盒测试

黑盒测试又称功能测试、数据驱动测试和基于规格说明书的测试，是把程序看作一个黑盒子，完全不考虑程序内部结构和处理过程，只考虑该程序输入和输出之间的关系，或只考虑程序的功能。因此，测试者必须依据规格说明书来确定和设计测试用例。

黑盒测试的优点包括：

- 比较简单，不需要了解程序内部的代码及实现；
- 与软件的内部实现无关；
- 从用户角度出发，能很容易地知道用户会用到哪些功能，会遇到哪些问题；
- 基于软件开发文档，所以也能知道软件实现了文档中的哪些功能；
- 在做软件自动化测试时较为方便。

黑盒测试的缺点包括：

- 不可能覆盖所有的代码，覆盖率较低，大概只能达到总代码量的30%；
- 自动化测试的复用性较低。

黑盒测试有一整套严格的测试用例设计规定和系统的方法，常用的有等价类划分、边界值分析、错误推测法和因果图法4种。

3.2.1　等价类划分

等价类划分是一种典型的黑盒测试方法。把所有可能的输入数据（有效的和无效的）划分成若干个等价的子集，使得每个子集中的一个典型值在测试中的作用与这一子集中其他值的作用相同。因此可以说，等价类是指某个输入域的集合。对揭露程序中的错误来说，集合中的每个输入条件是等效的。只要在一个集合中选取一组数据测试程序即可。这样就可使用少数测试用例检验程序在一大类情况下的反应。

等价类分为有效等价类和无效等价类。

有效等价类：是指对程序的规范有意义的、合理的输入数据所构成的集合，主要用来检验程序是否实现了规格说明中的功能。

无效等价类：是指对程序的规范是不合理的或无意义的输入数据所构成的集合，主要用来检验程序是否做了规格说明以外的事。

确定等价类有以下几条原则。

① 如果输入条件规定了取值范围，可定义一个有效等价类和两个无效等价类。例如，输入值是学生成绩，范围是 0～100，则有效等价类为 0≤成绩≤100，无效等价类为成绩<0 和成绩>100。

② 如果输入条件代表集合的某个元素，则可定义一个有效等价类和一个无效等价类。例如，某程序规定“标识符应以字母开头……”则“以字母开头者”作为有效等价类，“以非字母开头”作为无效等价类。

③ 如规定了输入数据的一组值，且程序对不同输入值做不同处理，则每个允许的输入值是一个有效等价类，并有一个无效等价类（所有不允许的输入值的集合）。例如，输入条件说明学历可为：专科、本科、硕士、博士四种之一，则分别取这四种作为四个有效等价类，另外，把四种学历之外的任何学历作为无效等价类。

④ 如果规定了输入数据必须遵循的规则，可确定一个有效等价类（符合规则）和若干个无效等价类（从不同角度违反规则）。

⑤ 如已划分的等价类各元素在程序中的处理方式不同，则应将此等价类进一步划分成更小的等价类。

用等价类划分法设计测试用例的步骤如下所述。

① 划分等价类，形成等价类表，每一等价类规定一个唯一的编号；

② 设计一个测试用例，使其尽可能多地覆盖尚未覆盖的有效等价类，重复这一步骤，直到所有有效等价类均被测试用例覆盖；

③ 设计一个新测试用例，使其只覆盖一个无效等价类，重复这一步骤直到所有无效等价类均被覆盖。

例 3-1　某报表处理系统要求用户输入处理报表的日期，日期限制在 2003 年 1 月至 2006 年 12 月，即系统只能对该段期间内的报表进行处理，如日期不在此范围内，则显示输入错误信息。系统日期规定由年、月的 6 位数字字符组成，前四位代表年，后两位代表月。如何用等价类划分法设计测试用例，来测试程序的日期检查功能？

① 划分等价类。

根据对报表日期的限制可以划分为 3 个有效等价类，7 个无效等价类，如表 3-2 所示。

表 3-2 “报表日期”输入条件的等价类表

输 入 数 据	有效等价类	无效等价类
报表日期的类型及长度	（1）6 位数字字符	（4）有非数字字符 （5）少于 6 个数字字符 （6）多于 6 个数字字符
年份范围	（2）在 2003～2006 之间	（7）<2003 （8）>2006
月份范围	（3）在 1～12 之间	（9）<1 （10）>12

② 为有效等价类设计测试用例。

对表 3-2 中（1）、（2）、（3）的 3 个有效等价类，用一个测试用例覆盖。如表 3-3 所示。

表 3-3 有效等价类测试用例表

测 试 数 据	期 望 结 果	覆 盖 范 围
200405	输入有效	等价类（1）、（2）、（3）

③ 为每一个无效等价类至少设计一个测试用例。

本例具有 7 个无效等价类，需要不少于 7 个测试用例，如表 3-4 所示。

表 3-4 无效等价类测试用例表

测 试 数 据	期 望 结 果	覆 盖 范 围
2004MY	输入无效	等价类（4）
200415	输入无效	等价类（5）
2004003	输入无效	等价类（6）
200108	年份错误	等价类（7）
200805	年份错误	等价类（8）
200400	月份错误	等价类（9）
200413	月份错误	等价类（10）

注意：不能出现相同的测试用例。

3.2.2 边界值分析

边界值分析就是对输入或输出的边界值进行测试的一种黑盒测试方法。通常边界值分析法是作为对等价类划分法的补充，这种情况下，其测试用例来自等价类的边界。大量实践表明，程序员在编写程序时，很容易因疏忽或考虑不周发生边界处理错误。下面所列的程序说明了边界值问题是如何产生的。

```
// 程序清单：
Dim data(10) As Integer
Dim i As Integer
For i=1 To 10
```

```
    Data(i)= -1
  Next
  End
```

这段程序的意图是创建一个有 10 个元素的数组，并为数组中的每一个元素赋初值-1。初看起来代码没有问题。边界问题在哪儿？

从代码中可以看出，这段代码使用的是 VB 语言。在 VB 语言中，当以 Dim data(10) As Integer 语句定义数组时，其第一个元素的下标是 0，不是 1，该语句创建了一个包含从 data(0)到 data(10)共 11 个元素的数组。程序中从 1 到 10 循环将数组元素的值初始化为-1，但是，数组的第一个元素是 data(0)，因此，它没有被初始化。如果其他程序员不知道这个数组是如何初始化的，在他用到 data(0)时，就会以为它的值是-1。

实践表明，在数组容量、循环次数及输入数据与输出数据的边界值附近程序出错的概率往往较大。采用边界值法，就是要设计测试用例，使得被测试程序能在边界值及其附近运行，从而更有效地暴露程序中潜藏的错误。

什么是边界值？所谓边界值是指软件规格中规定的操作界限所在的边缘条件。如果软件测试中包含确定的边界，那么数据类型可能是：数值、速度、字符、地址、数量、位置等。同时，考虑这些类型的一些特征，如：第一个、最后一个、最小值、最大值，最短、最长，最早、最迟，最高、最低，最大、最小，空、满。

边界值分析方法选择测试用例的原则如下所述。

① 如果输入条件规定了值的范围，则应取刚达到这个范围的边界的值及刚刚超越这个范围边界的值作为测试输入数据。

② 如果输入条件规定了值的个数，则用最大个数、最小个数、比最小个数少一、比最大个数多一的数作为测试数据。

③ 根据规格说明的每个输出条件，使用前面的原则①。

④ 根据规格说明的每个输出条件，应用前面的原则②。

⑤ 如果程序的规格说明给出的输入域或输出域是有序集合，则应选取集合的第一个元素和最后一个元素作为测试用例。

⑥ 如果程序中使用了一个内部数据结构，则应当选择这个内部数据结构边界上的值作为测试用例。

⑦ 分析规格说明，找出其他可能的边界条件。

边界值分析与等价划分的区别：

- 边界值分析不是从某等价类中随便挑一个作为代表，而是使这个等价类的每个边界都要作为测试条件；
- 边界值分析不仅要考虑输入条件，还要考虑输出空间产生的测试情况。

使用边界值分析方法设计测试用例，首先应确定边界情况。通常输入和输出等价类的边界，就是应着重测试的边界情况。应当选取正好等于、刚刚大于或刚刚小于边界的值作为测试数据，而不是选取等价类中的典型值或任意值作为测试数据。常见的边界值有：

- 对 16 位的整数而言，32 767 和-32 768 是边界；
- 屏幕上光标在最左上、最右下位置；
- 报表的第一行和最后一行；

- 数组元素的第一个和最后一个；
- 循环的第 0 次、第 1 次和倒数第 2 次、最后一次，等等。

例 3-2 某一数据表设计规范要求该数据表能处理 1 到 10 000 之间任意数量的记录。如何设计其测试用例？

根据该数据表能够处理的记录数量可以定义 3 个等价类。

等价类 1：少于一条记录。

等价类 2：1 到 10 000 之间任意数量的记录。

等价类 3：大于 10 000 条记录。

设计测试用例：

测试用例 1：0 条记录　　等价类 1 中成员及其边界值

测试用例 2：1 条记录　　边界值

测试用例 3：2 条记录　　次边界值

测试用例 4：200 条记录　　等价类 2 中成员

测试用例 5：9999 条记录　　次边界值

测试用例 6：10 000 条记录　　边界值

测试用例 7：10 001 条记录　　等价类 3 中成员及其边界值

通过等价类划分和边界值分析相结合的技术设计测试用例，能够用较少的测试用例检测出更多的错误。

3.2.3 错误推测法

错误推测法是根据经验和人们对过去所做测试工作结果的分析，对所揭示缺陷的规律性进行直觉的推测来发现程序中可能存在的各种错误，从而有针对性地设计检查这些错误的测试用例的方法。例如，前面介绍的常见程序错误检查清单，其中列出的各种常见错误就是经验的总结，可以作为错误推测法的参考。

错误推测法的基本思想是：列举出程序中所有可能有的错误和容易发生错误的特殊情况，并根据它们设计测试用例。错误推测法充分发挥人的经验，能在测试小组中集思广益；方便实用，在软件测试基础较差的情况下，进行错误猜测是比较有效的测试方法。一般都先用前两种方法设计测试用例，然后用错误推测法补充一些例子作为辅助手段。

仍以上述的报表处理程序为例，在已经用等价类法和边界值法设计过测试用例的基础上，还可以用错误推测法补充一些测试用例，例如，漏送"报表日期""报表日期"非字符型等。

3.2.4 因果图法

因果图是一种形式语言，是将自然语言描述的规格说明转换为容易理解的图形工具。前面介绍的等价类划分边界值分析方法，都是着重考虑输入条件，未考虑输入条件的各种组合。如果在测试时考虑输入条件的各种组合，就会产生一些新情况。

输入条件的组合情况往往相当多。必须考虑使用一种适合于描述多种条件的组合相应产生多个动作的形式来考虑设计测试用例，这就需要利用因果图。因果图方法最终生成的是判定表。它适合于检查程序输入条件的各种组合情况。使用因果图法不仅能高效地选择测试用例，还能指出程序规格说明中存在的问题。

1．用因果图生成测试用例的基本步骤

① 分析软件规格说明描述中，哪些是原因（即输入条件或输入条件的等价类），哪些是结果（即输出条件），并给每个原因和结果赋予一个标识。

② 分析软件规格说明描述中的语义，找出原因与结果之间、原因与原因之间对应的是什么关系，根据这些关系，画出因果图。

③ 由于语法或环境限制，有些原因与原因之间、原因与结果之间的组合情况不可能出现。为表明这些特殊情况，在因果图上用一些记号标明约束或限制条件。

④ 把因果图转换为判定表。

⑤ 把判定表的每一列拿出来作为依据，设计测试用例。

2．因果图中的基本符号

通常在因果图中使用 Ci 表示原因，使用 Ei 表示结果。各结点表示状态，取值为 0 或 1，0 表示某状态不出现，1 表示某状态出现。主要因果关系有：

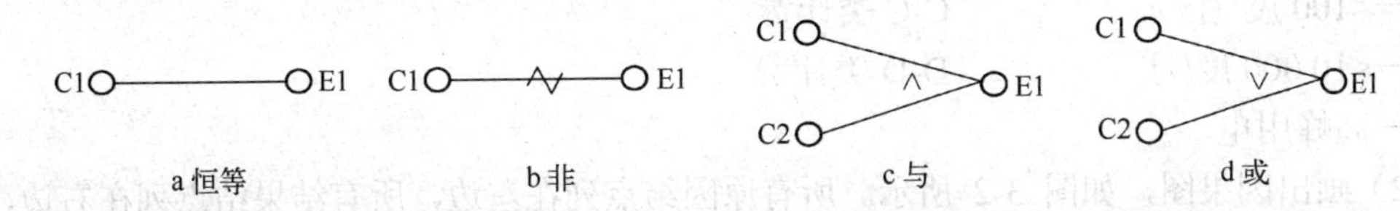

a 恒等　　b 非　　c 与　　d 或

恒等：表示原因与结果之间一对一的对应关系。若原因出现，则结果也出现；若原因不出现，则结果也不出现。

非：表示原因与结果之间的一种否定关系。若原因出现，则结果不出现；若原因不出现，结果反而出现。

与：表示若干个原因都出现，结果才出现。若干个原因中有一个不出现，结果就不出现。

或：表示若干个原因中有一个出现，则结果出现，只有当若干个原因都不出现时，结果才不出现。

3．表示约束条件的符号

为了表示原因与原因之间、结果与结果之间可能存在的约束条件，在因果图中可以附加一些表示约束条件的符号。从输入（原因）考虑，有互斥、包含、唯一和要求四种约束。

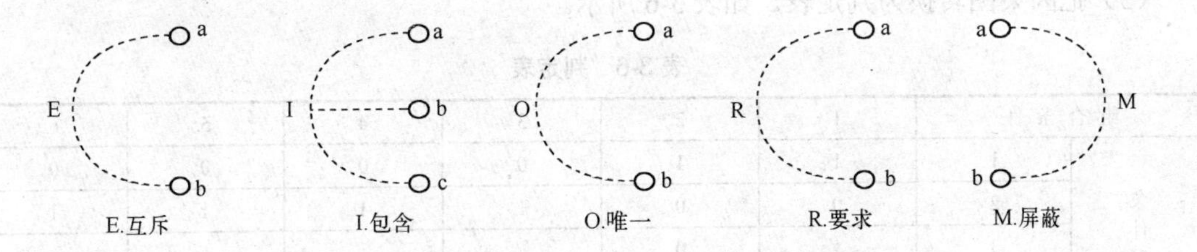

E.互斥　　I.包含　　O.唯一　　R.要求　　M.屏蔽

输入 E（互斥）：表示 a，b 两个原因不会同时成立，两个原因中最多有一个可能成立。

输入 I（包含）：表示 a，b，c 三个原因中至少有一个必须成立。

输入 O（唯一）：表示 a 和 b 两个原因中必须有一个，且仅有一个成立。

输入 R（要求）：表示当 a 出现时，b 必须也出现；不可能 a 出现，b 不出现。

输出 M（屏蔽）：表示当 a 是 1 时，b 必须是 0；而当 a 为 0 时，b 的值不定。

例 3-3　某电力公司有 A、B、C、D 四类收费标准，其规定如表 3-5 所示。

表 3-5 某电力公司收费标准

用电类别	用电额度	用电期间	收费类型
居民用电	<100 度/月	—	A 类
	≥100 度/月		B 类
动力用电	<10 000 度/月	非高峰	B 类
	≥10 000 度/月	非高峰	C 类
	<10 000 度/月	高峰	C 类
	≥10 000 度/月	高峰	D 类

解：

（1）分析题目，列出原因和结果，并编号。

输入条件（原因）	输出动作（结果）
1－居民用电	A-A 类计费
2－动力用电	B-B 类计费
3－<100 度/月	C-C 类计费
4－<10 000 度/月	D-D 类计费
5－高峰用电	

（2）画出因果图，如图 3-2 所示。所有原因结点列在左边，所有结果结点列在右边，并建立四个中间结点，表示处理的中间状态。

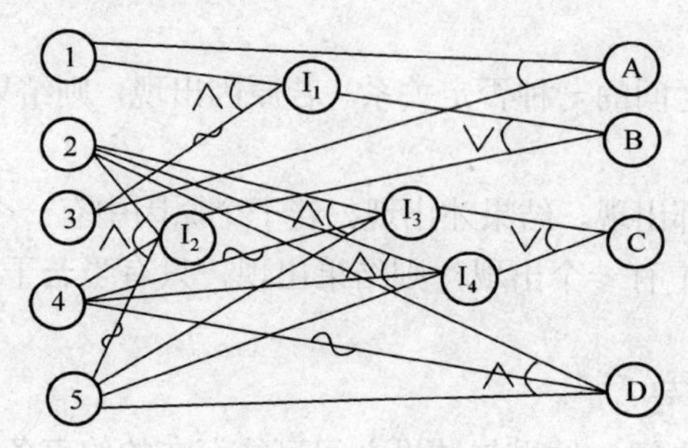

图 3-2 因果图

（3）把因果图转换为判定表，如表 3-6 所示。

表 3-6 判定表

组合条件		1	2	3	4	5	6
条件原因	1	1	1	0	0	0	0
	2	0	0	1	1	1	1
	3	1	0				
	4			1	0	1	0
	5			0	0	1	1
动作结果	A	1	0	0	0	0	0
	B	0	1	1	0	0	0
	C	0	0	0	1	1	0
	D	0	0	0	0	0	1
测试用例		Y	Y	Y	Y	Y	Y

（4）为判定表每一列设计一个测试用例，如表 3-7 所示。

表 3-7 测试用例

条 件 组 合	测试用例（输入数据）	预期结果（输出动作）
1 列	居民电，90 度/月	A
2 列	居民电，110 度/月	B
3 列	动力电，非高峰，8 000 度/月	B
4 列	动力电，非高峰，1.2 万度/月	C
5 列	动力电， 高峰，0.9 万度/月	C
6 列	动力电， 高峰，1.1 万度/月	D

3.2.5 判定表分析法

在一些数据处理问题当中，某些操作的实施依赖于多个逻辑条件的组合，即：针对不同逻辑条件的组合值，分别执行不同的操作，如果判断的条件多，各条件又相互组合，相应的决策方案较多，在这种情况下需要用判定表来描述。判定表为描述这类加工逻辑提供了表达清晰、简洁的手段。

判定表是分析和表达多逻辑条件下执行不同操作的情况的工具，它也是一种图形工具，呈表格形，共分四大部分，如表 3-8 所示。左上角为各种条件，它列出了问题涉及的所有条件（条件的次序无关紧要）；左下角为行动方案，它列出在条件的各种取值情况下应该采取的动作；右上角为条件的组合，它列出针对它左列条件在所有可能的组合情况下的真假值。右下角为与特定条件组合对应的行动，它列出了在某一条件组合情况下，应该采取的动作。这些动作的排列顺序没有约束。

表 3-8 判定表

条 件	条件状态组合
动作方案	与条件组合对应的动作

在表的右上部分中用“Y”或“T”表示它左侧那个条件成立，用“N”或“F”表示它左侧那个条件不成立，用“—”表示该条件成立与否不影响对行动的选择。判定表的右下部分中画“×”或“√”表示执行左边的那个动作方案，－表示不执行。

例 3-4 某货运站的收费标准为：若收件地点在本省，则快件每公斤 5 元，慢件每公斤 3 元；若收件地点在外省，则在 20 公斤以内（含 20 公斤）快件每公斤 7 元，慢件每公斤 5 元；而超过 20 公斤时，超过部分每公斤加收 2 元。用判定表描述货运站收费标准（G 代表货重）。

依题列出所有的条件（如表 3-9 所示）和所有的动作方案（如表 3-10 所示）

表 3-9 所有的条件

条件	取值
收货地点	本省
	外省
货重	>20 公斤
	≤20 公斤
快慢件	快件
	慢件

表 3-10 动作方案

动作方案
3*G
5*G
7*G
5*G+（G−20）*2
7*G+（G−20）*2

表 3-9 中的三种条件，每种条件只有两种选择，在填写判定表时只选用其中的一个选择。在本例中，收货地点选用“本省”，货重选用“>20 公斤”，快慢件选用“快件”，判定表如表 3-11 所示。

表 3-11　货运站的收费标准判定表

		1	2	3	4	5	6	7	8
条件	本省	Y	Y	Y	Y	N	N	N	N
	G>20 公斤	Y	—	N	N	Y	Y	N	N
	快件	Y	N	Y	N	Y	N	Y	N
动作方案	3*G		√		√				
	5*G	√		√					√
	7*G							√	
	5*G+（G−20）*2						√		
	7*G+（G−20）*2					√			

从表 3-11 中可以看出，条件组合 1 和 3 的条件类似，动作相同，差别只是货重是否大于 20 公斤，对于这种组合就可以合二为一。由于货重对动作没有影响，故表示“G>20 公斤”的条件处用“—”来填写。条件组合 2 和 4 的条件类似，动作相同，差别是条件组合 2 中表示“G>20 公斤” 的条件处是“—”，表示此条件是无关条件项（有意填写成“—”，以便说明条件组合的合并规则），条件组合 2 中表示“G>20 公斤”的条件处是“N”。在判定表中无关条件项“—”可包含其他条件项取值，具有相同动作的条件组合可以合并，故条件组合 2 和 4 可以合，表示“G>20 公斤”的条件处用“—”来填写。合并整理之后简化的判定表如表 3-12 所示。

表 3-12　货运站的收费标准判定表合（简化）

		1	2	3	4	5	6
条件	本省	Y	Y	N	N	N	N
	G>20 公斤	—	—	Y	Y	N	N
	快件	Y	N	Y	N	Y	N
动作方案	3*G		√				
	5*G	√					√
	7*G					√	
	5*G+（G−20）*2				√		
	7*G+（G−20）*2			√			

综上所述，建立判定表的步骤如下。

① 确定规则的个数，假如有 n 个条件，每个条件有两个取值（0，1），故有 2n 种规则。

② 列出所有的条件组合和动作方案。

③ 填入条件项。

④ 填入动作项。等到初始判定表。

⑤ 简化、合并相同动作。

3.3 白盒测试

白盒测试又称结构测试，它是根据被测程序的逻辑结构设计测试用例。白盒测试作为对结构的测试，则必然要求对被测程序的结构特性均能测试到，这种情况称为覆盖，因此，白盒测试又称为“基于覆盖的测试”。白盒测试方法重视测试覆盖率的度量，因而力求提高测试覆盖率，从而找出被测程序中的错误。随着测试技术的发展，人们越来越重视对程序执行路径的考察，并且用程序图代替流程图来设计测试用例。为了区分这两种白盒测试技术，以下把前者称为逻辑覆盖测试，后者称为基本路径测试。

白盒测试的主要目的如下：

① 保证一个模块中的所有独立路径至少被执行一次；

② 对所有的逻辑值均需要测试真、假两个分支；

③ 在上、下边界及可操作范围内运行所有循环；

④ 检查内部数据结构以确保其有效性。

3.3.1 逻辑覆盖测试

逻辑覆盖测试法考察的重点是图中的判定框（菱形框）。因为这些判定不是与选择结构有关，就是与循环结构有关，是决定程序结构的关键成分。

逻辑覆盖包括的常用覆盖方法如表 3-13 所示。

表 3-13　常用覆盖方法

覆盖方法	说明
语句覆盖	每条语句至少执行一次
判定覆盖	每一判定的每个分支至少执行一次
条件覆盖	每一判定中的每个条件，分别按“真”“假”至少各执行一次
判定/条件覆盖	同时满足判定覆盖和条件覆盖的要求
条件组合覆盖	求出判定中所有条件的各种可能组合值，每一可能的条件组合至少执行一次
路径覆盖	程序中所有可能的路径都执行一次

以图 3-3 所示的流程图为例，介绍上述几种常用的覆盖方法。

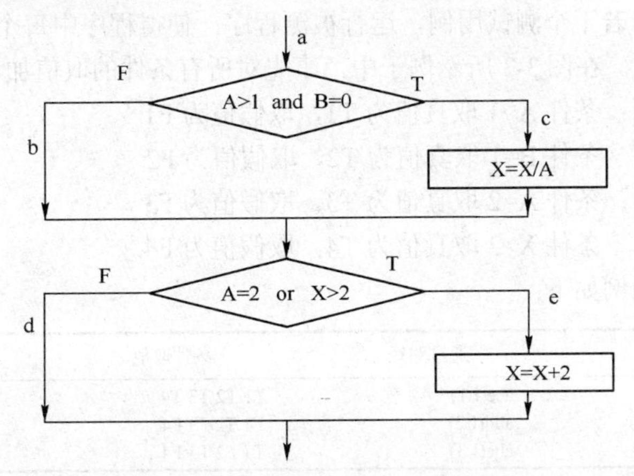

图 3-3　测试用例设计示例流程图

测试用例设计格式为：

【输入的（A，B，X），输出的（A，B，X）】

1. 语句覆盖

其含义是，设计若干个测试用例，运行被测程序，使得每一个可执行语句至少执行一次。在图 3-3 所示的例子中，每个语句都执行一次的执行路径是 L1（a—>c—>e），因此，设计如下测试用例，就可以覆盖所有的可执行语句。

【(2，0，6)，(2，0，5)】　　覆盖 ace

从这一点来看，语句覆盖的方法似乎能够比较全面地检验每一个可执行语句。但是，语句覆盖可能发现不了判断语句中的逻辑运算错误。例如，在图 3-3 中，第一个判断中的“and”错写成“or”，或者是将第二个判断中的“or”错写成“and”，利用上面的测试用例，仍然可覆盖所有的可执行语句。由此可以看出，语句覆盖是有缺陷的，与后面介绍的其他覆盖相比，语句覆盖是最弱的逻辑覆盖准则。

2. 判定覆盖

判定覆盖又叫分支覆盖，其含义是：设计若干个测试用例，运行被测试程序，使得程序中每一判定的每个分支至少执行一次。在图 3-3 所示的例子中，选择路径 L1（a—>c—>e）和 L2（a—>b—>d），可得满足判定覆盖要求的测试用例：

【(2，0，6)，(2，0，5)】覆盖 ace【L1】
【(1，1，1)，(1，1，1)】覆盖 abd【L2】

如果选取路径 L3（a—>b—>e）和 L4（a—>c—>d），还可以得到另一组测试用例：

【(2，1，1)，(2，1，3)】覆盖 abe【L3】
【(3，0，6)，(3，0，2)】覆盖 acd【L4】

所有测试用例的取法不唯一。注意有例外情况，例如，如果把第二个判定中的条件 x>2 错写成 x<2，那么利用上面两组测试用例，仍能得到同样的结果。因此，只用判定覆盖测试程序，不保证一定能查出在判断条件中存在的错误。因此还需要更强的逻辑覆盖准则检验判断内部条件。

3. 条件覆盖

其含义是，设计若干个测试用例，运行被测程序，使得程序中每个判断、每个条件的可能取值至少执行一次。在图 3-3 所示例子中，事先对所有条件的取值加以标记。例如，

对于第一个判断：条件 A>1 取真值为 T1，取假值为 F1
　　　　　　　　条件 B=1 取真值为 T2，取假值为 F2
对于第二个判断：条件 A=2 取真值为 T3，取假值为 F3
　　　　　　　　条件 X>2 取真值为 T4，取假值为 F4

则可设计测试用例如下：

测试用例	通过路径	条件取值	覆盖分支
【(2，0，6)，(2，0，5)】	ace(L1)	T1 T2 T3 T4	c，e
【(1，0，1)，(1，0，1)】	abd(L2)	F1 T2 F3 F4	b，d
【(2，1，1)，(2，1，3)】	abe(L3)	T1 F2 T3 F4	b，e

或

测试用例	通过路径	条件取值	覆盖分支
【(1，0，3)，(1，0，5)】	abe(L3)	F1 T2 F3 T4	b，e
【(2，1，1)，(2，1，3)】	abe(L3)	T1 F2 T3 F4	b，e

注意，前一组测试用例不但覆盖了所有判断的取真分支和取假分支，而且覆盖了判断中所有条件的可能取值。但是后一组测试用例虽满足了条件覆盖，但只覆盖了第一个判断的取假分支和第二个判断的取真分支，不满足判定覆盖的要求。要解决这一矛盾，需要对条件和分支兼顾，有必要考虑判定－条件覆盖。

4．判定－条件覆盖

所谓判定－条件覆盖就是设计足够的测试用例，使得判断中每个条件的所有可能取值至少执行一次，同时每个判断本身的所有可能判断结果至少执行一次。在图 3-3 所示例子中，可以设计如下测试用例：

测试用例	通过路径	条件取值	覆盖分支
【(2，0，6)，(2，0，5)】	ace(L1)	T1 T2 T3 T4	c，e
【(1，1，1)，(1，1，1)】	abd(L2)	F1 F2 F3 F4	b，d

判定－条件覆盖也有缺陷。从表面上来看，它测试了所有条件的取值，但是事实并非如此。因为某些条件往往掩盖了另一些条件。对于条件表达式（A>1）and（B=0）来说，若（A>1）的测试结果为真，则还有测试（B=0），才能决定表达式的值；而若（A>1）的测试结果为假，可以立刻确定表达式的结果为假，这时往往就不再测试（B=0）的取值了，因此，条件（B=0）就没有检查。同样，对于条件表达式（A=2）or（X>2）来说，若（A=2）的测试结果为真，就可以立即确定表达式的结果为真。这时，条件（X>2）就没有检查。因此，采用判定－条件覆盖，逻辑表达式中的错误不一定能够查得出来。为了解决这一问题，可以将例子中的多重条件判断分解成多个基本条件判断，然后再对这些基本条件判断设计测试用例。

5．条件组合覆盖

在上面介绍的几种测试方法中没有考虑每个判断所有可能的条件取值的组合，因此，需要考虑条件组合覆盖。条件组合覆盖就是设计足够的测试用例，运行被测程序，使得每个判断所有可能的条件取值组合至少执行一次。

在图 3-3 所示的例子中，先对各个判断的条件取值组合加以标记。例如：

① A>1，B=0　作 T1　T2，　第一个判断取真分支
② A>1，B≠0　作 T1　F2，　第一个判断取假分支
③ A≯1，B=0　作 F1　T2，　第一个判断取假分支
④ A≯1，B≠0　作 F1　F2，　第一个判断取假分支
⑤ A=2，　X>2　作 T3　T4，　第二个判断取真分支
⑥ A=2，　X≯2　作 T3　F4，　第二个判断取真分支
⑦ A≠2，X>2　作 F3　T4，　第二个判断取真分支
⑧ A≠2，X≯2　作 F3　F4，　第二个判断取假分支

对于每个判断，要求所有可能的条件取值的组合都必须取到。测试用例如下：

测试用例	通过路径	条件取值	覆盖分支
【(2，0，6)，(2，0，5)】	ace(L1)	T1 T2 T3 T4	①，⑤
【(2，1，2)，(2，1，4)】	abe(L3)	T1 F2 T3 F4	②，⑥
【(1，0，3)，(1，0，5)】	abe(L3)	F1 T2 F3 T4	③，⑦
【(1，1，1)，(1，1，1)】	abd(L2)	F1 F2 F3 F4	④，⑧

这组测试用例覆盖了所有条件的可能取值的组合，也覆盖了所有判断的可取分支，但就路径而言漏掉了 L4，测试还不完全。

6. 路径覆盖

所谓路径覆盖就是设计足够的测试用例，运行被测程序，使程序中所有可能的路径都执行一次。以图 3-3 所示为例，可设计如下测试用例，以实现路径覆盖。

测试用例	通过路径	条件取值	覆盖分支
【(2，0，6)，(2，0，5)】	ace(L1)	T1 T2 T3 T4	c，e
【(1，0，1)，(1，0，1)】	abd(L2)	F1 T2 F3F4	b，d
【(2，1，1)，(2，1，3)】	abe(L3)	T1 F2 T3 F4	b，e
【(3，0，3)，(3，0，1)】	acd(L4)	T1 T2 F3 F4	c，d

例 3-5 分别用语句覆盖、判定覆盖、条件覆盖、判定—条件覆盖、条件组合覆盖、路径覆盖设计测试用例测试函数 abcTomon。

```
Private Sub abcTomon(a As Integer,b As Integer,c As Integer)
        1 Dim mon1 as Integer,mon2 as Integer
        2 mon1=0
        3 mon2=0
        4 If a>b and a>c  then
   5  mon1=a*10+b*6+c
        6 End if
        7 If a=12 or b>c  then
        8   mon2=a*2+b*4+c*10
        9 End if
    End Function
```

（注：程序中的数字是每条语句的编号。）

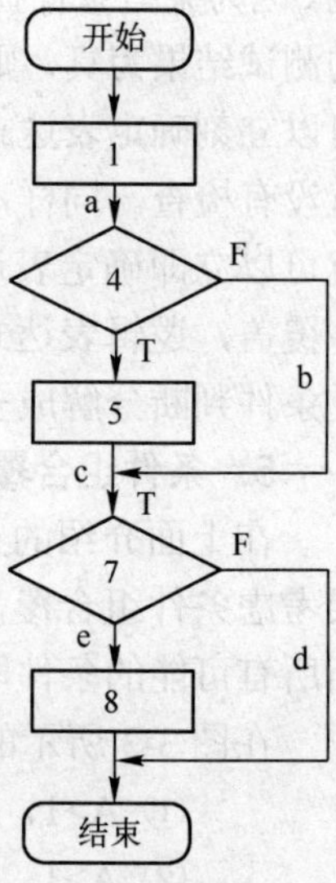

解：画出程序流程图，如图 3-4 所示（1，2，3 语句合为 1）。

图 3-4 程序流程图

1）语句覆盖

从程序流程图可以看出，该程序有以下 4 条路径。

L1：a-c-e。

L2：a-c-d。

L3：a-b-e。

L4：a-b-d。

其中 L1 路径包含了所有可执行的语句。根据语句覆盖的要求，选择路径 L1 来设计测试用例。

测试用例：【a，b，c（3，2，1），mon1，mon2（43，24）】　　覆盖 ace

2）判定覆盖

根据判定覆盖的要求，测试用例要使得程序中的每一个判断中取真和取假的分支至少执行一次，L1 和 L4 可以作为测试用例。

L1 为取真路径：

测试用例：【a，b，c（3，2，1），mon1，mon2（43，24）】　　覆盖 ace

L4 为取假路径：

测试用例：【a，b，c（1，1，1），mon1，mon2（0，0）】　　覆盖 abd

3）条件覆盖

根据条件覆盖的要求，先对所有条件的取值加以标记。

对于第一个判断：条件 a>b 取真值为 T1，取假值为 F1

　　　　　　　　条件 a>c 取真值为 T2，取假值为 F2

对于第二个判断：条件 A=12 取真值为 T3，取假值为 F3

　　　　　　　　条件 b>c 取真值为 T4，取假值为 F4

设计测试用例如下：

测试用例	通过路径	条件取值	覆盖分支
【(1，2，0)，(0，10)】	abe(L3)	F1 T2 F3 T4	b，e
【(12，1，20)，(0，228)】	abe(L3)	T1 F2 T3 F4	b，e

4）判定—条件覆盖

按判定－条件覆盖的要求，要使判断中每个条件的所有可能取值至少执行一次，同时每个判断本身的所有可能判断结果至少执行一次。设计如下测试用例：

测试用例	通过路径	条件取值	覆盖分支
【(3，2，1)，(43，24)】	ace(L1)	T1 T2 T3 T4	c，e
【(1，1，1)，(0，0)】	abd(L2)	F1 F2 F3 F4	b，d

5）条件组合覆盖

条件组合覆盖要求测试用例，能使被测程序中的每个判断所有可能的条件取值组合至少执行一次。因此，先对各个判断的条件取值组合加以标记。

① a>b，a>c　　　作 T1　T2，　第一个判断取真分支
② a>b，a<=c　　作 T1　F2，　第一个判断取假分支
③ a<=b，a>c　　作 F1　T2，　第一个判断取假分支
④ a<=b，a<=c　　作 F1　F2，　第一个判断取假分支
⑤ A=12，　b>c　　作 T3　T4，　第二个判断取真分支
⑥ A=12，　b<=c　作 T3　F4，　第二个判断取真分支
⑦ A≠12，b>c　　作 F3　T4，　第二个判断取真分支
⑧ A≠12，b<=c　　作 F3　F4，　第二个判断取假分支

对于每个判断，要求所有可能的条件取值的组合都必须取到。设计测试用例如下：

测试用例	通过路径	条件取值	覆盖分支
【(3，2，1)，(43，24)】	ace(L1)	T1 T2 T3 T4	①，⑤
【(12，1，20)，(0，228】	abe(L3)	T1 F2 T3 F4	②，⑥
【(1，2，0)，(0，10)】	abe(L3)	F1 T2 F3 T4	③，⑦
【(1，1，1)，(0，0)】	abd(L2)	F1 F2 F3 F4	④，⑧

6）路径覆盖

路径覆盖要求测试用例能使被测程序中所有可能的路径都执行一次。因此，设计测试用例如下。

测试用例	通过路径	条件取值	覆盖分支
【(3，2，1)，(43，24)】	ace(L1)	T1 T2 T3 T4	c，e
【(1，1，1)，(0，0)】	abd(L2)	F1 F2 F3 F4	b，d
【(12，1，20)，(0，228)】	abe(L3)	T1 F2 T3 F4	b，e
【(4，2，3)，(55，0)】	acd(L4)	T1 T2 F3 F4	c，d

3.3.2 基本路径测试

逻辑覆盖测试使人们把注意力集中在程序中的各个判定部分，以此把握结构测试的重点。但是另一方面，它却忽略了另一个对测试也有重要影响的方面——程序的执行路径。图 3-3 显示了一个很简单的例子，它只有 4 条路径。在实际的应用程序中，一个不太复杂的程序，其路径数都是很庞大的，要在测试中覆盖这样多的路径是不可能的。要解决这个问题，必须把覆盖的路径数减少到一定的限度内，基本路径测试就是这样一种测试方法。

基本路径测试是 Tom McCabe 提出来的一种白盒测试技术。它是在程序流程图的基础上，通过分析控制构造的环路复杂性，导出可执行路径的基本集合，从而设计出测试用例。设计的测试用例要保证被测试程序中的每条可执行语句至少执行一次。

基本路径测试步骤如下：

① 导出程序流程图的拓扑结构—程序控制流图；

② 计算程序控制流图的环路复杂度 V(G)；

③ 确定只包含独立路径的基本路径集；

④ 设计测试用例。

1．程序控制流图

程序控制流图实际上是一种简化了的流程图。在基本路径测试中，它是考察测试路径的有力工具。程序流程图中各种不同形状的框，在程序控制流图中被简化为一个个结点，用圆圈来表示。图 3-5 列出了程序中三种基本控制结构在程序控制流图中的表示。程序控制流图保留了控制流的全部轨迹，而舍弃了程序中各种处理、判断等的细节，其画面更简洁，路径更清楚，用它来验证各种测试数据对程序执行路径的覆盖情况，比程序流程图更加方便。

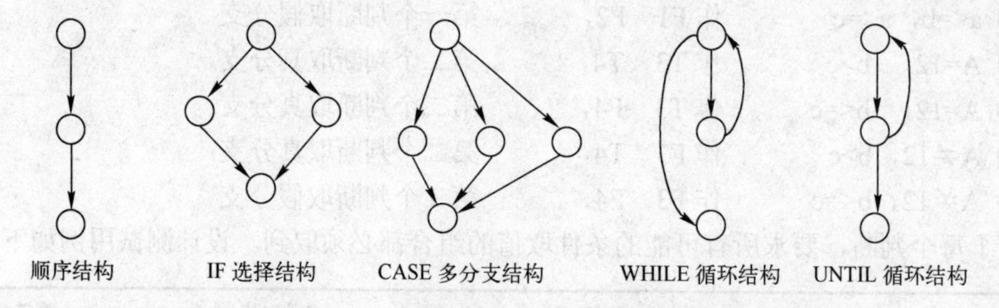

图 3-5 程序中三种基本控制结构在程序控制流图中的表示

有以下两点需要注意：

① 顺序执行的多个结点，在程序控制流图中可以合并成一个结点；

② 含有复合条件的判断框，在画程序控制流图时，常常先将其分解成几个简单条件判断

框，然后再画出程序控制流图。

图 3-6 所示的是一个程序流程图及其对应的程序控制流图。

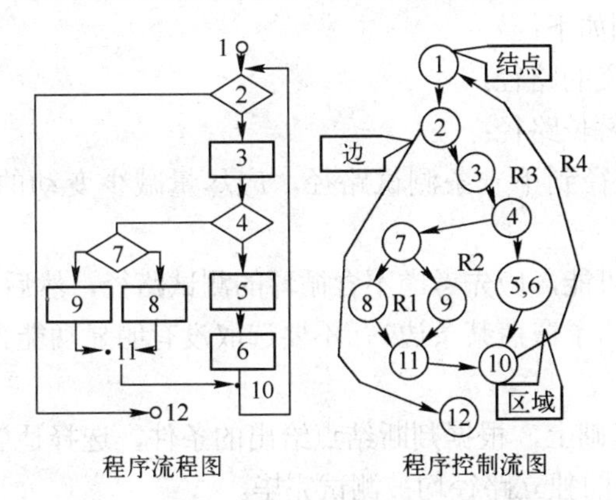

图 3-6　程序流程图及其对应的程序控制流图

在程序控制流图中，圆圈是结点，对应程序流程图中的各种框；结点之间有箭头的连线称为边，表示控制流的方向，一条边必须终止于一个结点，在选择或多分支结构中的分支会聚处（如图 3-6 中的⑪），即使没有执行语句也应该有一个会聚结点；由边和结点围成的闭合区叫作区域，当对区域计数时，图形外的区域也应记为一个区域（如图 3-6 中的 R4）。

2．程序环路的复杂度

在进行程序路径测试时，从程序的环路复杂度可导出程序基本路径集合中的独立路径条数，这是确保程序中每个可执行语句至少执行一次必需的测试用例数目的上限。

程序环路的复杂度 V（G）的计算公式如下：

V（G）= 区域个数

或

V（G）= 边条数−结点数+2

或

V（G）= 判定结点个数+1

在图 3-5 所示的程序控制流图中，有 4 个区域 R1，R2，R3，R4。所以，V（G）=区域个数=4；或者 V（G）=边条数−结点数+2=13−11+2=4；或者 V（G）=判定结点个数+1=3+1=4。

3．确定只包含独立路径的基本路径集

独立路径是指包括没有处理的语句或条件的一条路径。从程序控制流图上看，一条独立路径至少包含一条在其他独立路径中从未有过的边的路径。在图 3-5 所示的程序控制流图中，独立路径有以下 4 条。

路径 1：1—2—12。

路径 2：1—2—3—4—5—10—1。

路径 3：1—2—3—4—7—9—11—10—1。

路径 4：1—2—3—4—7—8—11—10—1。

路径 1、路径 2、路径 3、路径 4 组成了程序控制流图中的一个基本路径集。只要设计出的测试用例能够确保这些基本路径的执行，就可使得程序中的每个可执行语句至少执行一次，每个条件的取值（真和假）都能得到测试。通常构成基本路径集的独立路径数的上界是程序复杂度，可以据此得到应该设计的测试用例的数目。

选择测试路径的原则如下：

① 选择具有功能含义的路径；

② 尽量用短路径代替长路径；

③ 从上一条测试路径到下一条测试路径，应尽量减少变动的部分（包括变动的边和结点）；

④ 由简入繁，如果可能，应先考虑不含循环的测试路径，然后补充对循环的测试；

⑤ 除非不得已（如为了覆盖某条边），不要选取没有明显功能含义的复杂路径。

4．设计测试用例

在前面介绍的内容基础上，根据判断结点给出的条件，选择适当的数据保证某一条路径可以被测试到，直至所有的独立路径均被测试完毕。

3.4 测试用例设计

软件测试的重要性是毋庸置疑的。但如何在较短的时间内完成测试，发现软件系统的缺陷，保证软件的质量，则是软件开发者追求的目标。因此，每个软件产品都需要有一套优秀的测试方案和测试方法。影响软件测试的因素很多，如软件的复杂程度、开发人员的素质、测试方法及技术的运用等。如何保证软件测试的质量？答案就是设计好的测试用例。

3.4.1 测试用例的概念

测试用例的设计和编制是软件测试活动中最重要的一项内容。测试用例是测试工作的指导，是软件测试必须遵守的准则，更是软件测试质量稳定的根本保障。所谓测试用例，是指对一项特定的软件产品进行测试任务的描述，体现测试方案、方法、技术和策略。内容包括测试目标、测试环境、输入数据、测试步骤、预期结果、测试脚本等，并形成文档。

设计软件测试用例的目的，是为了能将软件测试的行为转换为可管理的模式。软件测试是软件质量管理中最重要的工作，同时也是耗时最多的一项工作。因此，软件测试必须能够加以量化，才能进一步让管理阶层掌握所需要的测试过程，而测试用例就是将测试行为具体量化的方法之一。

一个好的测试用例应具有以下特征：

① 最有可能发现程序中的错误；

② 没有重复的、多余的测试，也没有遗漏；

③ 在一组相似测试用例中是最有效的；

④ 不太简单，也不太复杂。

测试用例在软件测试中的作用有以下几方面：

① 指导测试的实施；

② 规划测试数据的准备；

③ 评估测试结果的度量基准；

④ 分析缺陷的标准。

3.4.2　设计测试用例

测试用例的设计与生成是依据测试大纲对每个测试项目的进一步实例化。测试用例包括输入数据和与之对应的期望结果。输入数据就是被测试程序所读取的外部数据及这些数据的初始值。外部数据是对于被测试程序而言的，实际上就是除了局部变量以外的其他数据，这些数据可以分为：参数、成员变量、全局变量、IO（输入输出）媒体等。IO 媒体是指文件、数据库及其他储存及传输数据的媒体，例如，被测试程序要从文件或数据库读取数据，那么，文件或数据库中的原始数据也属于输入数据。一个程序再多复杂，也是对这几类数据的读取、计算和写入。期望结果是指：程序的返回值及被测试程序所写入的外部数据的处理结果值。设计测试用例可以采用软件测试常用的基本方法：等价类划分法、边界值分析法、错误推测法、因果图法、逻辑覆盖法等。软件的性质不同，采用的方法也不同。如何灵活运用各种基本方法来设计完整的测试用例，并最终实现暴露隐藏的缺陷，主要依靠测试设计人员的丰富经验和精心设计。

在设计测试用例时应该遵循以下基本准则。

① 明确测试的目的。

② 测试用例能够代表并覆盖各种合理的和不合理的、合法的和非法的、边界的和越界的，以及极限的输入数据、操作和环境设置等。

③ 每个测试用例应当给予特殊的标识，并且还应当与测试的类别有明确的联系。

④ 测试结果的正确性是可判定的，每一个测试用例都应有相应的期望结果。

⑤ 测试结果有可再现性，即对同样的测试用例，系统的执行结果应当是相同的。

⑥ 应当为每个测试用例开发一个测试步骤列表。这个列表应包含以下一些内容：

- 所要测试对象的专门说明；
- 将要作为测试结果运行的消息和操作；
- 测试对象可能发生的例外情况；
- 外部条件（即为了正确对软件进行测试所必须有的外部环境的变化）；
- 为了帮助理解和实现测试所需要的附加信息。

3.4.3　测试用例的评审

测试用例的设计是整个软件测试工作的核心，测试用例反映了对被测对象的质量要求和评估范围，决定测试的效率和测试自身的质量。因此，对测试用例的评审，就显得非常重要。在测试用例评审过程中，主要检查下列内容：

① 测试用例设计的整体思路是否清晰，是否清楚系统的结构和逻辑，从而使测试用例的结构或层次清晰，测试的优先级或先后次序是否合理；

② 测试用例设计的有效性，测试的重点是否突出，即是否抓住修改较大的地方、程序或系统的薄弱环节等；

③ 测试用例的覆盖面，是否考虑到产品使用中某些特别场景，是否考虑到一些边界和接口的地方；

④ 测试用例的描述，前提条件是否存在、步骤是否简明清楚、期望结果是否符合软件规

格说明书或用户需求；

⑤ 测试环境是否准确，测试用例是否正确定义测试所需要的条件或环境；

⑥ 测试用例的复用性和可维护性，良好的测试用例将会具有重复使用的功能，保证测试的稳定性；

⑦ 测试用例是否符合其他要求，如可管理性、易于自动化测试的转化等。

测试用例在评审后，根据评审意见作出修改，然后再进行复审，直至通过评审。在以后的测试中，如果有些被发现的缺陷，没有测试用例，应及时设计新的测试用例或修改相应的测试用例。

习题

1．软件测试是如何分类的？

2．黑盒测试与白盒测试有何区别？

3．什么是测试用例？设计测试用例时应该遵循哪些基本准则？

4．测试用例在软件测试中有哪些作用？一个好的测试用例应具有哪些特征？

5．现有一个三角形分类程序，该程序的功能是，读入代表三角形边长的 3 个整数，判定它们能否组成三角形。如果能够，则输出三角形是等边、等腰或任意三角形的分类信息。请为此程序设计一组黑盒测试用例。

6．某学校拟对参加软件测试实践活动的学生进行奖励，奖励原则如下：

（1）成绩 70 分以上者奖励 50 元；

（2）成绩 80 分以上者奖励 80 元；

（3）成绩 90 分以上者奖励 120 元。

要求编写程序流程图，设计测试数据，写出测试路径和所满足的覆盖条件。

7．写出象棋游戏中走炮马的测试用例：

（1）如果落点在棋盘外，则不移动棋子；

（2）如果落点与起点不是同一行或同一列，则不移动棋子；

（3）如果落点处有自己的棋，则不移动棋子；

（4）如果不属于 1～3 条且落点处无棋子，则移动棋子；

（5）如果不属于 1～3 条，落点处有对方棋子且只相隔一个棋子（非将/帅），则移动棋子并除去对方棋子；

（6）如果不属于 1、2 条且与落点处相隔一个以上棋子，则不移动棋子；

（7）如果不属于 1～3 条，落点处有对方将/帅，则移动棋子并提示取得胜利，游戏结束。

8．某学校入学考试是科目是数学、英语和数据结构，每科 100 分。录取规则如下：

（1）总分不低于 200 分的，录取；

（2）总分低于 200 分的，如果数学不低于 55 分，且英语不低于 70 分，参加复试；其余不录取。

请建立判定表。

第4章　面向对象测试技术

面向对象方法（object-oriented method）是一种把面向对象的思想应用于软件开发过程中、指导开发活动的系统方法，简称 OO 方法，它是建立在“对象”概念基础上的方法学。作为一种新型的独具优越性的新方法，面向对象方法正在逐渐代替被广泛使用的面向过程开发方法，被看成是解决软件危机的新兴技术。面向对象技术能产生更好的系统结构、更规范的编程风格，极大地优化了数据使用的安全性，提高了程序代码的重用率，一些人也因此认为面向对象技术开发出的程序无须进行测试。然而，实际情况并非如此，因为无论采用什么样的编程技术，编程人员的错误都是不可避免的，而且由于面向对象技术开发的软件代码重用率高，更需要严格测试，以避免错误的繁衍。因此，软件测试并没有因面向对象编程的兴起而失去其重要性。

4.1　面向对象测试概述

由于面向对象软件的独有特征，如继承、封装、抽象、重载、多态等，造成原有测试所要求的、逐步将开发模块搭建在一起进行测试的方法已经变得很困难。而且，面向对象软件抛弃了传统的开发模式，对每个开发阶段都有不同以往的要求和结果，使得常规的软件测试技术不能直接应用于面向对象软件的测试。

4.1.1　传统开发方法存在的问题

1．软件重用性差

重用性是指同一事物不经修改或稍加修改就可多次重复使用的性质。软件重用性是软件工程追求的目标之一。

计算机技术的不断发展为计算机及网络应用提供了大量技术先进、功能强大的应用软件系统，同时也给软件开发者和用户带来了相应的问题：

① 软件系统规模日益庞大，研制周期变长，开发维护费用增高；

② 软件系统过于复杂，在一个系统中集成了各种功能，大多数功能不能灵活地装卸、单独升级或重复利用，无法实现个性化；

③ 应用软件不易集成，即使各应用程序是用相同的编程语言编写的且运行在相同的计算机上，特定应用程序的数据和功能也不能提供给其他应用程序使用。

2．软件可维护性差

软件工程强调软件的可维护性和文档资料的重要性，规定最终的软件产品应该由完整、一致的配置成分组成。在软件开发过程中，始终强调软件的可读性、可修改性和可测试性，并将其作为衡量软件质量的重要指标。无数的软件开发实践证明，用传统方法开发出来的软件，维护的费用和成本很高，其原因是可修改性差、维护困难，导致可维护性差。

3．开发出的软件不易满足用户需要

用传统的结构化方法开发大型软件系统涉及各种不同领域的知识，在开发需求模糊或需求动态变化大的系统时，所开发出的软件系统往往不能真正满足用户的需要。

用结构化方法开发的软件，其稳定性、可修改性和可重用性都比较差，这是因为结构化方法的本质是功能分解，从代表目标系统整体功能的单个处理着手，自顶向下不断把复杂的处理分解为子处理，这样一层一层地分解下去，直到仅剩下若干个容易实现的子处理功能为止，然后用相应的工具来描述各个最低层的处理。因此，结构化方法是围绕实现处理功能的"过程"来构造系统的。然而，用户需求的变化大部分是针对功能的，因此，这种变化对基于过程的设计来说是灾难性的。用这种方法设计出来的系统结构常常是不稳定的，用户需求的变化往往造成系统结构的较大变化，从而需要花费很大代价才能实现这种变化。

4.1.2 面向对象技术

面向对象的概念和应用现已超越了程序设计和软件开发的范畴，数据库系统、交互式界面、应用结构、应用平台、分布式系统、网络管理结构、CAD（计算机辅助设计）技术、人工智能等领域均应用到面向对象的思想。面向对象的开发方法的基本思想认为，客观世界是由各种各样的对象组成的，每种对象都有各自的内部状态和运动规律，不同对象之间相互作用和联系就构成了各种不同的系统。

1．面向对象的基本概念

（1）对象

对象是人们要进行研究的任何事物，从最简单的整数到复杂的飞机等均可看作对象，它不仅能表示具体的事物，还能表示抽象的规则、计划或事件。

（2）对象的状态和行为

对象具有状态，一个对象用数据值来描述它的状态。对象还可以操作，用于改变对象的状态，对象及其操作就是对象的行为。对象实现了数据和操作的结合，使数据和操作封装于对象的统一体中。

（3）类

具有相同或相似性质的对象的抽象就是类。因此，对象的抽象是类，类的具体化就是对象，也可以说类的实例是对象。

类具有属性，它是对象的状态的抽象，用数据结构来描述类的属性。

类具有操作，它是对象的行为的抽象，用操作名和实现该操作的方法来描述。

（4）类的结构

在客观世界中有若干类，这些类之间有一定的结构关系。通常有两种主要的结构关系，即"一般—具体"结构关系，"整体—部分"结构关系。

"一般—具体"结构称为分类结构，也可以说是"或"关系，或者是"is a"关系。

"整体—部分"结构称为组装结构，它们之间的关系是一种"与"关系，或者是"has a"关系。

（5）消息和方法

对象之间进行通信的结构叫作消息。在对象的操作中，当一个消息发送给某个对象时，消息包含接收对象去执行某种操作的信息。发送一条消息至少要包括说明接收消息的对象名、发送给该对象的消息名（即对象名、方法名）。一般还要对参数加以说明，参数可以是认识该消息的对象所知道的变量名，或者是所有对象都知道的全局变量名。类中操作的实现过程称为方法，一个方法有方法名、参数、方法体。对象、类和消息传递如图 4-1 所示。

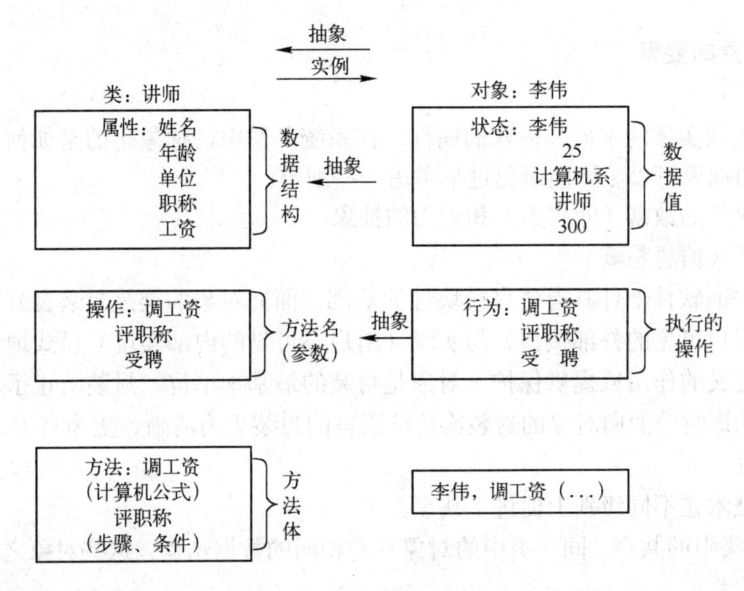

图 4-1　对象、类和消息传递

2．面向对象的特征

（1）对象唯一性

每个对象都有自身唯一的标识，通过这种标识，可找到相应的对象。在对象的整个生命期中，它的标识都不改变，不同的对象不能有相同的标识。

（2）分类性

分类性是指将具有一致的数据结构（属性）和行为（操作）的对象抽象成类。一个类就是这样一种抽象，它反映了与应用有关的重要性质，而忽略其他一些无关内容。任何类的划分都是主观的，但必须与具体的应用相对应。

（3）继承性

继承性是子类共享父类属性和方法的机制，这是类之间的一种关系。在定义和实现一个类的时候，可以在一个已经存在的类的基础之上进行，把这个已经存在的类所定义的内容作为新的类的内容，并加入若干新内容，形成一个新类。继承性是面向对象程序设计语言不同于其他语言的最重要的特点，是其他语言所没有的。

在类层次中，如果子类只继承一个父类的数据结构和方法，则称为单重继承；如果子类继承了多个父类的数据结构和方法，则称为多重继承。

在软件开发中，类的继承性使所建立的软件具有开放性、可扩充性，这是信息组织与分类的行之有效的方法，它简化了对象、类的创建工作量，增加了代码的可重用性。继承性提供了类的规范的等级结构。通过类的继承关系，使公共的特性能够共享，提高了软件的重用性。

（4）多态性

多态性是指相同的操作或函数、过程可作用于多种类型的对象上并获得不同的结果。不同的对象，收到同一消息可以产生不同的结果，这种现象称为多态性。

多态性允许每个对象以适合自身的方式去响应共同的消息。多态性增强了软件的灵活性和重用性。

3．面向对象的要素

（1）抽象

抽象是指强调实体的本质、内在的属性。在系统开发中，抽象指的是如何实现对象的意义和行为。使用抽象可以尽可能避免过早考虑一些细节。

类实现了对象的数据（即状态）和行为的抽象。

（2）封装性（信息隐藏）

封装性是保证软件部件具有优良模块性的基础。面向对象的类是封装良好的模块，类定义将其说明（用户可见的外部接口）与实现（用户不可见的内部实现）显式地分开，其内部实现按其具体定义的作用域提供保护。对象是封装的最基本单位。封装防止了程序相互依赖性而带来的变动影响。面向对象的封装比传统语言的封装更为清晰、更为有力。

（3）共享性

面向对象技术在不同级别上促进了共享。

① 在同一类中的共享。同一类中的对象有着相同的数据结构。这些对象之间是结构、行为特征的共享关系。

② 在同一应用中共享。在同一应用的类层次结构中，存在继承关系的各相似子类中，存在数据结构和行为的继承，使各相似子类共享共同的结构和行为。使用继承来实现代码的共享，也是面向对象的主要优点之一。

③ 在不同应用中共享。面向对象不仅允许在同一应用中共享信息，而且为未来目标的可重用设计准备了条件。通过类这种机制和结构来实现不同应用中的信息共享。

4．面向对象软件开发的过程

面向对象的软件开发方法与传统的软件开发方法有本质的区别，其开发过程如下所述。

① 调查、分析系统需求，建立一个全面、合理、统一的模型。在繁杂的问题域中抽象地识别出对象及其行为、结构、属性的方法——面向对象分析（OOA）。

② 对象设计。对分析的结果做进一步的抽象、归类、整理，并最终以范式的形式将它们确定下来——面向对象设计（OOD）。

③ 程序实现。用面向对象的程序设计语言将上一步整理的范式直接映射（直接用程序语言来取代）为应用程序软件——面向对象编程（OOP）。

总之，面向对象的开发模型突破了传统的瀑布模型，将开发分为面向对象分析、面向对象设计和面向对象编程三个阶段。分析阶段产生整个问题空间的抽象描述，在此基础上，进一步归纳出适用于面向对象编程语言的类和类结构，最后形成代码。由于面向对象的特点，采用这种开发模型能有效地将分析设计的文本或图表代码化，不断适应用户需求的变动。

4.1.3 什么是面向对象测试

从软件测试概念诞生至今，软件测试理论迅速发展，并相应出现了各种软件测试方法，使软件测试技术得到了极大的提高。传统的软件测试策略是从“小型测试”开始，逐步走向“大型测试”。即从单元测试开始，然后逐步进入集成测试，最后是有效性和系统测试。在传统应用中，单元测试集中在最小的可编译程序单位——子程序（如模块、子例程、进程），一旦这些单元均被独立测试后，它被集成在程序结构中，这时要进行一系列的回归测试，以发现由于模块的接口所带来的错误和新单元加入所导致的副作用，最后，系统被作为一个整体进行测试，以保证发现在需求中的错误。

然而，一度被实践证明行之有效的软件测试技术对面向对象技术开发的软件多少显得有些力不从心，尤其是面向对象程序的结构不再是传统的功能模块结构。作为一个整体，原有集成测试所要求的逐步将开发的模块搭建在一起进行测试的方法已经行不通。而且，面向对象软件开发技术抛弃了传统的开发模式，对每个开发阶段都有不同于以往的要求和结果，已经不可能用功能细化的观点来检测面向对象分析和设计的结果。因此，传统的测试模型对面向对象软件已经不再适用。

面向对象技术所独有的多态、继承、封装等新特点，使面向对象程序设计比传统语言程序设计产生错误的可能性增大，使得传统软件测试中的重点不再显得那么突出，也使原来测试经验和实践证明的次要方面成了主要问题。

例如，在传统的面向过程程序中，对于函数 y=func(x); 只需要考虑一个函数（func ()）的行为特点，而在面向对象程序中，必须同时考虑基类函数（Base ：func ( )）等相关类的行为。

总之，随着面向对象开发技术的发展，面向对象的软件测试技术也应运而生，它是一种新兴的、专门针对使用面向对象技术开发的软件而提出的一种测试技术。其目的是解决传统的软件测试技术对面向对象技术开发的软件多少显得有些力不从心的问题。

面向对象软件测试是根据面向对象的软件开发过程结合面向对象的特点提出的。它包括分析与设计模型测试技术、类测试技术、对象交互测试技术、类层次结构测试技术、面向对象系统测试技术 5 大部分。

4.1.4 面向对象测试模型

现代的软件开发工程将整个软件开发过程明确地划分为几个阶段，将复杂问题具体按阶段加以解决。这样，在软件的整个开发过程中，可以对每一阶段提出若干明确的监控点，作为各阶段目标实现的检验标准，从而提高开发过程的可见度，保证开发过程的正确性。实践证明，软件的质量不仅体现在程序的正确性上，它与编码以前所做的需求分析、软件设计也密切相关。这时，对错误的纠正往往不能通过可能会诱发更多错误的简单的修修补补，而必须追溯到软件开发的最初阶段。因此，为了保证软件的质量，应该着眼于整个软件生存期，特别是着眼于编码以前的开发过程中各阶段的工作。于是，软件测试的概念和实施范围必须扩充，应该包括整个开发各阶段的复查、评估和检测。由此，广义的软件测试实际是由确认、验证、测试三个方面组成。

确认：是评估将要开发的软件产品是否正确无误、可行和有价值。例如，将要开发的软件是否能满足用户提出的要求，是否能在将来的实际使用环境中正确稳定地运行，是否存在隐患等。这里包含了对用户需求满足程度的评价。确认意味着确保一个待开发软件是正确无误的，是对软件开发构想的检测。

验证：是检测软件开发的每个阶段、每个步骤的结果是否正确无误，是否与软件开发各阶段的要求或期望的结果相一致。验证意味着确保软件会正确无误地实现软件的需求，开发过程是沿着正确的方向在进行。

测试：与狭隘的测试概念统一。通常经过单元测试、集成测试、系统测试3个环节。

在整个软件生存期，确认、验证、测试分别有其侧重的阶段。确认主要体现在计划阶段、需求分析阶段，也会体现在测试阶段；验证主要体现在设计阶段和编码阶段；测试主要体现在编码阶段和测试阶段。事实上，确认、验证、测试是相辅相成的。确认无疑会产生验证和测试的标准，而验证和测试通常又会帮助完成一些确认，特别是在系统测试阶段。

与传统测试模型类似，面向对象软件的测试遵循在软件开发各过程中不间断测试的思想，使开发阶段的测试与编码完成后的一系列测试融为一体。在开发的每一阶段进行不同级别、不同类型的测试，从而形成一条完整的测试链。根据面向对象的开发模型，结合传统的测试步骤的划分，形成了一种整个软件开发过程中不断进行测试的测试模型，使开发阶段的测试与编码完成后的单元测试、集成测试、系统测试成为一个整体。因此，把面向对象的软件测试分为：面向对象分析的测试（OOA test）、面向对象设计的测试（OOD test）、面向对象编程的测试（OOP test）、面向对象单元测试（OO unit test）、面向对象集成测试（OO integration test）、面向对象系统测试（OO system test）。面向对象测试模型（object-orient test model）如图4-2所示。

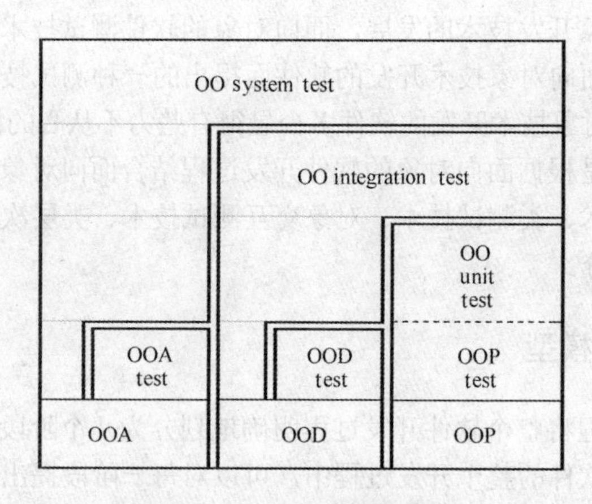

图4-2 面向对象测试模型

传统的单元测试针对程序的函数、过程或完成某一具体功能的程序块等基本程序。面向对象软件的基本组成单元是类，因此重点测试类的属性、方法、事件、状态和相应状态等内容。面向对象软件测试即在测试过程中继续运用面向对象技术，进行以对象概念为中心的软件测试。Binder 在研究了面向对象的特征（如封装性、继承性、多态和动态绑定性等）后，认为这些特征的引入增加了测试的复杂性。软件测试层次是基于测试复杂性分解的思想，是软件测试的一种基本模式。测试可用不同的方法执行，通常的方法是按设计和实现的反向次序测试，首先验证不同层，然后使用事件集成不同的程序单元，最终验证系统级。根据测试层次结构确定相应的测试活动，并生成相应的层次。

在面向对象软件测试中，OOA（面向对象分析）全面地将问题空间中实现的功能进行现实抽象化，将问题空间中的实例抽象为对象，用对象的结构反映问题空间的复杂关系，用属性和服务表示实例的特殊性和行为。OOA 的结果是为后面阶段类的选定和实现、类层次结构的组织和实现提供平台。其测试重点在于完整性和冗余性，包括对认定对象的测试、对认定结构的测试、对认定主题的测试、对定义的属性和实例关联的测试、对定义的服务和消息关联的测试。OOD（面向对象设计）建立类结构或进一步构造类库，实现分析结果对问题空间的抽象。OOD 确定类和类结构不仅能够满足当前需求分析的要求，更主要的是通过重新组合或加以适当的补充，方便实现功能的重用和扩增。包括测试认定的类、测试类层次结构（类的泛化继承和关联）和测试类库。OOP（面向对象编程）是软件的计算机实现，根据面向对象软件的特性，可以忽略类功能实现的细节，将测试集中在类功能的实现和相应的面向对象程序风格即数据成员的封装性测试和类的功能性测试上。如果程序用 C++等面向对象语言实现，主要就是对类成员函数的测试。

面向对象单元测试是进行面向对象集成测试的基础。面向对象集成测试主要对系统内部的相互服务进行测试，如成员函数间的相互作用、类间的消息传递等。面向对象集成测试不但要基于面向对象单元测试，更要参见 OOD 或 OOD Test 的结果。面向对象系统测试是基于面向对象集成测试最后阶段的测试，主要以用户需求为测试标准，需要借鉴 OOA 或 OOA Test 的结果。

4.2　面向对象分析的测试

面向过程分析是一个划分功能模块的过程，一个系统需要什么样的信息处理方法和过程是面向过程分析的主要关注点。而 OOA 是理解问题和需求构模、将现实世界中的问题映射到问题域的过程。在该阶段，要明确用户提出了哪些功能要求，为完成这些要求，系统应有哪些构件，采用什么样的结构，并写出详细的需求规约。OOA 中引入了许多面向对象的概念和原则，如对象、属性、服务、继承、封装等，并利用这些概念和原则来分析、认识和理解客观世界，将客观世界中的实体抽象为问题域中的对象，即问题对象。分析客观世界中问题的结构，明确为完成系统功能，对象间应具有的联系和相互作用。OOA 直接映射问题空间，全面地在问题空间中实现功能的现实抽象化。在 OOA 阶段必须回答下述问题：

① 为完成用户要求，系统应提供哪些功能?

② 系统应由哪些对象构成?

③ 每个对象应有哪些属性和服务?

④ 对象间应有怎样的联系?

因此，对 OOA 的测试，应该考虑以下方面：

① 类和对象范围的测试；

② 结构范围的测试；

③ 主题范围的测试；

④ 定义的属性和实例关联的测试；

⑤ 定义的服务和消息关联的测试。

4.2.1　对类和对象范围的测试

确定类与对象就是在实际问题分析中高度地抽象和封装能反映问题域和系统任务特征的类和对象。对它的测试可以从以下方面考虑。

① 抽象的对象是否全面？现实问题空间中所有涉及的实例都应该反映在认定的抽象对象中。

② 抽象出的对象是否具有多个属性？只有一个属性的对象通常应看成其他对象的属性，而不是抽象为独立的对象。

③ 对抽象为同一对象的实例是否有共同的但区别于其他实例的共同属性？

④ 对抽象为同一对象的实例是否提供或需要相同的服务？如果服务随着不同的实例而变化，认定的对象就需要分解或利用继承性来分类表示。

⑤ 抽象的对象的名称是否适用？

如何在众多调查资料中进行分析并确定类与对象呢？解决这一问题的方法一般包含以下几个方面。

① 基础素材。系统调查的所有图表、文件、说明及分析人员的经验、学识都是 OOA 分析的基础素材。

② 潜在的对象。在对基础素材的分析中，哪种内容是潜在的，并且有可能被抽象地封装成对象与类呢？一般来说，下列因素都是潜在的对象：结构、业务、系统、实体、应记忆的事件等。

③ 确定对象。初步分析选定对象以后，就通过一个对象和其他对象之间关系的角度来进行检验，并最后确定它。

④ 图形表示。用图形化方法表示确定的对象和类。

4.2.2 对结构范围的测试

结构表示问题空间的复杂程度。标识结构的目的是便于管理问题域模型。在 OOA 中，结构是指“泛化—特化”结构和“整体—部分”结构两部分的总和。

1. 确定“泛化—特化”结构（分类结构）

“泛化—特化”结构有助于刻画出问题空间的类成员层次。继承的概念是“泛化—特化”结构的一个重要组成部分。继承提供了一个用于标识和表示公共属性与服务的显式方法。在一个“泛化—特化”结构内，继承使共享属性或共享服务、增加属性或增加服务成为可能。

定义“泛化—特化”结构时，要分析在问题空间和系统责任的范围内，通用类是否表达了专用类的共性，专用类是否表示了个性。图 4-3 给出的是“泛化—特化”结构。其中，“专职教师”和“兼职教师”是特殊化类，“教师”是一般化类。特殊化类是一般化类的派生类，一般化类是特殊化类的基类。分类结构具有继承性，一般化类及对象的属性和服务一旦被识别，即可在特殊化类和对象中使用。

2. 确定“整体—部分”结构（组装结构）

“整体—部分”结构表示一个对象怎样作为别的对象的一部分，与对象怎样组成更大的对象，与在系统工程中划分子系统结构的思路基本一致。图 4-4 说明计算机系由辅导员、软件专业和网络专业组成，同时也指出，一个计算机系只有一个软件专业、一个网络专业，但可以有一至多个辅导员。

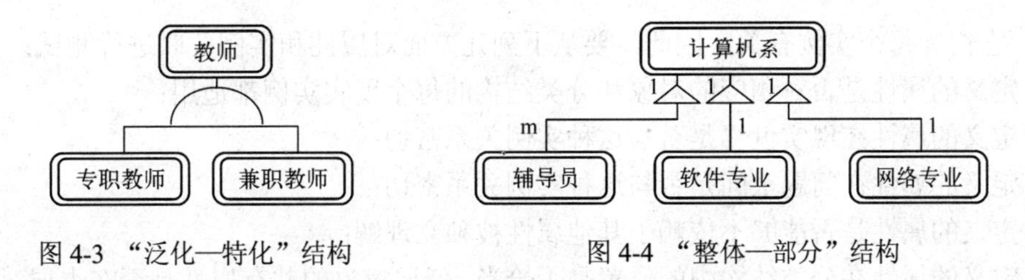

图 4-3 “泛化—特化”结构　　　　图 4-4 “整体—部分”结构

分类结构体现了问题空间中实例一般与特殊的关系，组装结构体现了问题空间中实例整体与局部的关系。

3．从以下方面对认定的分类结构的测试

① 自上而下的派生关系：对于结构中的一种对象，尤其是处于高层的对象，是否能派生出下一层对象。

② 自底向上的抽象关系：对于结构中的一种对象，尤其是处于同一底层的对象，是否能抽象出在现实中有意义的更一般的上层对象。

4．从以下方面对认定的组装结构的测试

① 整体（对象）和部件（对象）的组装关系是否符合现实的关系；

② 整体（对象）的部件（对象）是否在考虑的问题空间中有实际应用；

③ 整体（对象）中是否遗漏了反映在问题空间中的有用部件（对象）；

④ 部件（对象）是否能够在问题空间中组装新的有现实意义的整体（对象）。

4.2.3 对主题范围的测试

在 OOA 中，主题是一种指导研究和处理大型复杂模型的机制。它有助于分解系统、区别结构，避免过多的信息量同时出现所带来的麻烦。主题的确定可以帮助人们从一个更高的层次上观察和表达系统的总体模型。

主题如同文章对各部分内容的概要。对主题层的测试应该考虑以下方面。

① 贯彻 George Miller 的“7+2”原则。即如果主题个数超过 7 个，就要求对有较密切属性和服务的主题进行归并。

② 主题所反映的一组对象和结构是否具有相同和相近的属性和服务。

③ 认定的主题是否是对象和结构更高层的抽象，是否便于理解 OOA 结果的概貌（尤其是对非技术人员的 OOA 结果）。

④ 主题间的消息联系（抽象）是否代表了主题所反映的对象和结构之间的所有关联。

在测试中，首先应该考虑：为每一个结构相应地增设一个主题；为每一个对象相应地增设一个主题。如果主题的个数过多，则需进一步精炼主题。根据需要，可以把紧耦合的主题合在一起抽象一个更高层次的模型概念供读者理解。然后，列出主题及主题层上各主题之间的消息连接。最后，对主题进行编号，在层次图上列出主题以指导读者从一个主题到另一个主题。每一层都组织成按主题划分的图。

4.2.4 对定义的属性和实例关联的测试

在 OOA 中，属性被用来定义反映问题域特点的任务。定义属性是通过确认信息和关系来完成的，它们和每个实例有关。因此，要从下列几方面对属性和实例关联进行测试：

① 定义的属性是否对相应的对象和分类结构的每个现实实例都适用；

② 定义的属性在现实世界是否与这种实例关系密切；

③ 定义的属性在问题空间是否与这种实例关系密切；

④ 定义的属性是否能够不依赖于其他属性被独立理解；

⑤ 定义的属性在分类结构中的位置是否恰当，低层对象的共有属性是否在上层对象属性中体现；

⑥ 在问题空间中每个对象的属性是否定义完整；

⑦ 定义的实例关联是否符合现实；

⑧ 在问题空间中实例关联是否定义完整，特别需要注意一对多和多对多的实例关联。

具体方法步骤如下所述。

1．确定属性的范围

首先要确定划分给每一个对象的属性，明确某个属性究竟描述哪个对象，要保证最大稳定性和模型的一致性；其次，确定属性的层次，通用属性应放在结构的高层，特殊属性放在结构的低层。如果一个属性适用于大多数的特殊分类，可将其放在通用的地方，然后在不需要的地方把它覆盖（即用“×”等记号指出不需要继承该属性），如果发现某个属性的值有时有意义，有时却不适用，则应考虑分类结构，根据发现的属性，还可以进一步修订对象。

2．实例连接

实例连接是一个问题域的映射模型，该模型反映了某个对象对其他对象的需求。通过实例连接可以加强属性对类与状态的描述能力。

实例连接有一对一（1:1)、一对多（1:*m*）和多对多（*m*:*n*）三种，分别表示一个实例可对应一个或多个实例，这种性质称为多重性。例如，一个教师讲授一门课程，则教师到课程的实例连接是 1:1 的；一个教师讲授多门课程，则是 1:*m* 的。

实例连接的表示方法非常简单，只需在原类和对象的基础上用直线相连接，并在直线的两端用数字标志出它们之间的上下限关系即可。例如，在教学管理系统中，可以将教师和教学事故的类及对象实例连接用图 4-5 的形式表示。

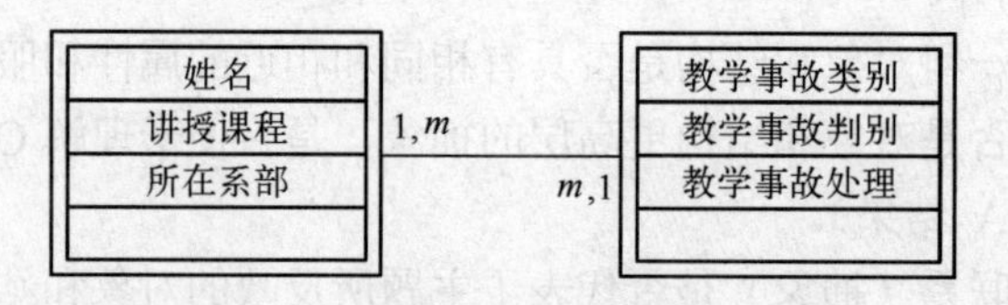

图 4-5 教师和教学事故的实例连接

3．详细说明属性和实例连接的约束

用名字和描述说明属性，属性可分成四类：描述性的、定义性的、永远可导出的和偶尔可导出的。实例连接的约束是指多重性与参与性。

4.2.5 对定义的服务和消息关联的测试

对象收到消息后所能执行的操作称为它可提供的服务。它描述了系统需要执行的处理和功能。定义服务的目的在于定义对象的行为和对象之间的通信（消息连接）。事实上，两个对象之间可能存在由于通信需要而形成的关系，即消息连接。消息连接表示从一个对象发送消息到另一个对象，由那个对象完成某些处理。

确定服务的具体解决方法主要包括以下四个基本步骤。

1．识别对象状态

在系统运行过程中，对象从被创建到释放要经历多种不同的状态。对象的状态是由属性的值来决定和表示的。一个对象状态是属性值的标识符，它反映了对象行为的改变。

识别对象状态的方法一般通过检查每一个属性的所有可能取值，确定系统针对这些可能的值是否会有不同的行为；检查在相同或类似的问题论域中以前的分析结果，看是否有可直接复用的对象状态；利用状态迁移图描述状态及其变化。

2．识别所要求的服务

必要的服务可分为两大类：简单的服务和复杂的服务。

简单的服务是每一个类或对象都应具备的服务，在分析模型中，这些服务不必画出，如建立和初始化一个新对象，释放或删除一个对象等。

复杂的服务分为两种：计算服务和监控服务，必须在分析模型中显式地给出。计算服务是利用对象的属性值计算，以实现某种功能；监控服务主要处理对外部系统的输入/输出、外部设备的控制和数据的存取。

为了标识必要的服务，需要检查每一个对象的所有状态，确定此对象在不同的状态值下要负责执行哪些计算、要做哪些监控，以便弄清外部系统或设备的状态将如何改变，对这些改变应当做什么响应；检查在相同或类似的问题论域中以前的分析结果，看是否有可直接复用的服务。

3．识别消息连接

消息连接是指从一个对象向另一个对象发送消息，并且使某一处理功能所需的处理在发送对象的方法中指定，在接收对象的方法中详细定义。

识别消息连接的方法及策略是检查在相同或类似的问题论域中以前分析的结果，看是否有可复用的消息连接。对于每一个对象，查询该对象需要哪些对象的服务，从该对象画一箭头到那些对象；查询哪个对象需要该对象的服务，从那些对象逐个画一箭头到该对象；沿消息连接找到下一个对象，重复以上步骤直至检查完全部对象。当一个对象将一个消息传送给另一个对象时，该对象又可能传送一个消息给另一个对象，如此下去就可得到一条执行线索。检查所有的执行线索，确定哪些是关键执行线索，以检查模型的完备性。

4．定义服务

在确定了对象的状态、所要执行的内容和消息后，具体如何执行操作呢？OOA 提供了模板式的方法描述方式。这是一种类似程序框图的工具。它主要用定义方法和定义例示来实现，如图 4-6 所示。

对定义的服务和消息关联的测试从以下方面进行：

① 对象和结构在问题空间的不同状态是否定义了相应的服务；

② 对象或结构所需要的服务是否都定义了相应的消息关联；

③ 定义的消息关联所指引的服务提供是否正确；

④ 沿着消息关联执行的线程是否合理，是否符合现实过程；

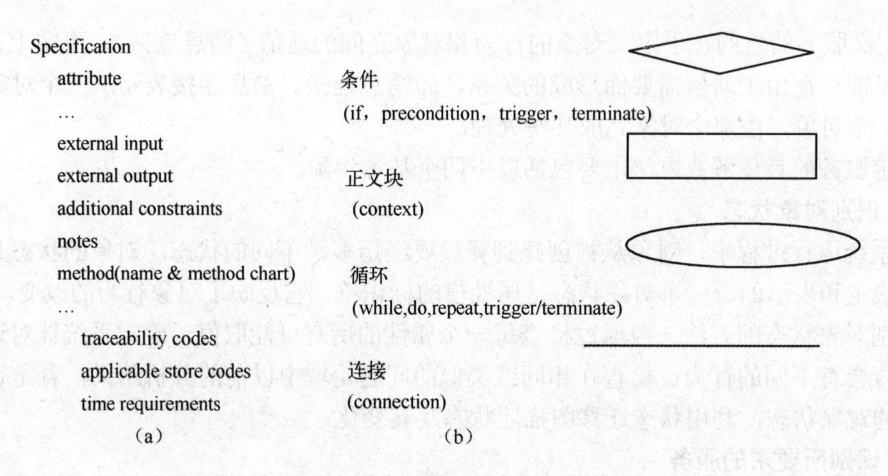

图 4-6　定义方法和定义例示

⑤ 定义的服务是否重复，是否定义了能够得到的服务。

4.3　面向对象设计的测试

面向对象设计（OOD）是以 OOA 归纳出的类为基础，建立类结构甚至进一步构造成类库，实现了分析结果对问题空间的抽象。OOD 归纳的类，可以是对象简单的延续，也可以是不同对象相同或相似的服务。OOD 确定类和类结构不仅是满足当前需求分析的要求，更重要的是通过重新组合或加以适当的补充或删减，能方便地实现功能的重用和扩增，以不断适应用户的要求。OOD 的基本目标是改进设计、增进软件生产效率、提高软件质量及加强可维护性。如果模型的质量很高，对项目来说就很有价值，但是如果模型有错误，那么它对项目的危害将无可估量。

以下的面向对象设计模型是由 Coad 和 Yourdon 提出的。该模型由四个部分和五个层次组成。如图 4-7 所示。

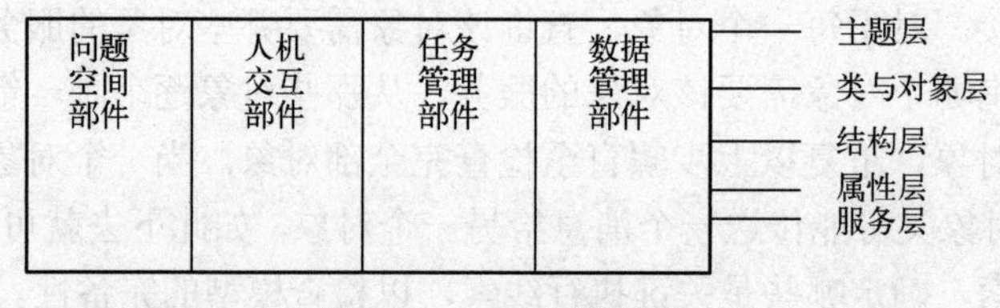

图 4-7　OOD 系统模型

四个组成部分是问题空间部件（problem domain component，PDC）、人机交互部件（human interaction component，HIC）、任务管理部件（task management component，TMC）和数据管理部件（data management component，DMC）。五个层次是主题层、类与对象层、结构层、属性层和服务层，这五个层次分别对应 Coad 的面向对象分析方法中的定义主题、确定对象、确定结构、定义属性、确定服务等行动。

所以，要从以下方面对 OOD 进行测试：

① 确定测试的问题域；

② 人机交互部分设计的测试；

③ 对认定的类的测试；
④ 对构造的类层次结构的测试；
⑤ 对类库支持的测试；
⑥ 对测试结果及对模型的测试覆盖率进行评估。

4.3.1　确定测试的问题域

在面向对象设计中，面向对象分析（OOA）的结果恰好符合面向对象设计（OOD）的问题空间部分，因此，OOA 的结果就是 OOD 部分模型中的一个完整部分。但是，为了解决一些特定设计所需要考虑的实际变化，可能要对 OOA 结果进行一些改进和增补。主要是根据需求的变化，对 OOA 产生模型中的某些类与对象、结构、属性、操作进行组合与分解。要考虑对时间与空间的折中、内存管理、开发人员的变更及类的调整等。另外，根据 OOD 的附加原则，增加必要的类、属性和关系。

1．复用设计

根据解决问题的需要，把从类库或其他来源得到的既存类增加到问题解决方案中去。既存类可以是用面向对象程序语言编写出来的，也可以是用其他语言编写出来的可用程序。要求标明既存类中不需要的属性和操作，把无用的部分维持到最小限度。并且增加从既存类到应用类之间的泛化—特化关系。进一步地把应用中因继承既存类而成为多余的属性和操作标出。还要修改应用类的结构和连接，必要时把它们变成可复用的既存类。

2．把问题论域相关的类关联起来

在设计时，从类库中引进一个根类，作为包容类，把所有与问题论域有关的类关联到一起，建立类的层次。把同一问题论域的一些类集合起来，存于类库中。

3．加入一般化类以建立类间协议

有时，某些特殊类要求一组类似的服务。在这种情况下，应加入一个一般化的类，定义为所有这些特殊类共用的一组服务名，这些服务都是虚函数，在特殊类中定义其实现。

4．调整继承支持级别

在 OOA 阶段建立的对象模型中可能包括多继承关系，但实现时使用的程序设计语言可能只有单继承，甚至没有继承机制，这样就需对分析的结果进行修改。可通过把特殊类的对象看作一个一般类对象所扮演的角色，通过实例连接把多继承的层次结构转换为单继承的层次结构；把多继承的层次结构平铺，使之成为单继承的层次结构等方法。

5．改进性能

提高执行效率和速度是系统设计的主要指标之一。有时，必须改变问题论域的结构以提高效率。如果类之间经常需要传送大量消息，则可合并相关的类以减少消息传递引起的速度损失。增加某些属性到原来的类中，或增加低层的类，以保存暂时结果，避免每次都要重复计算造成速度损失。

6．加入较低层的构件

在做面向对象分析时，分析员往往专注于较高层的类和对象，避免考虑太多低层的实现细节。但在做面向对象设计时，设计师在找出高层的类和对象时，必须考虑到底需要用到哪些较低层的类和对象。

针对上述问题域的定义，制定以下测试策略。

首先制定检查的范围和深度。范围将通过描述材料的实体或一系列详细的用例来定义。对小的项目来说，范围可以是整个模型。深度将通过指定需要测试模型（MUT）的某种 UML（统一建模语言）图的集合层次中的级别来定义。

然后为每一个评价标准开发测试用例，标准在应用时使用基本模型的内容作为输入。这种从用户用例模型出发的方式对许多模型的测试用例来说是一个很好的出发点。

4.3.2 人机交互部件设计的测试

通常在 OOA 阶段给出所需的属性和操作，在设计阶段必须根据需求把交互的细节加入到用户界面的设计中，包括有效的人机交互所必需的实际显示和输入。人机交互部件（HIC）的设计决策影响到人的感情和精神感受，测试 HIC 的策略由以下几方面构成：用户分类；描述人及其任务脚本；设计命令层；设计详细的交互；继续做原型；设计 HIC 类；根据图形用户界面（GUI）进行设计。

1．用户分类

进行用户分类的目的是明确使用对象，针对不同的使用对象设计不同的用户界面，以适合不同用户的需要。分类的原则如下所述。

按技能层次分类：外行、初学者、熟练者、专家。

按组织层次分类：行政人员、管理人员、专业技术人员、其他办事员。

按职能分类：顾客、职员。

2．描述人及其任务脚本

对以上定义的每一类人，描述其身份、目的、特征、关键的成功因素、熟练程度及任务脚本。

例 4-1 描述分析员。

什么人：分析员。

目的：要求一个工具来辅助分析工作（摆脱繁重的画图和检查图的工作）。

特点：年龄＝42 岁；教育水平＝大学；限制＝不要微型打印。

成功的关键因素：工具应当使分析工作顺利进行；工具不应与分析工作冲突；工具应能捕获假设和思想，能适时作出折中；应能及时给出模型各个部分的文档，这与给出需求同等重要。

熟练程度：专家。

任务脚本：主脚本——识别“核心的”类和对象；识别“核心”结构；在发现了新的属性或操作时随时都可以加进模型中去。检验模型——打印模型及其全部文档。

3．设计命令层

研究现行人机交互活动的内容和准则，建立一个初始的命令层，再细化命令层；这时，要考虑排列命令层次，把使用最频繁的操作放在前面，按照用户工作步骤排列；通过逐步分解，找到整体—部分模式，帮助在命令层中对操作进行分块；根据人们短期记忆的“7±2”或“每次记忆 3 块/每块 3 项”的特点，组织命令层中的服务，宽度与深度不宜太大，减少操作步骤。

4．设计详细的交互

用户界面设计有若干原则，如一致性，操作步骤少，不要“哑操作”，即每当用户等待系统完成一个活动时，要给出一些反馈信息，说明工作正在进展，以及进展的程度。在操作出现错误时，要恢复或部分恢复原来的状态。提供联机的帮助信息。用户界面要具有趣味性，在外观和感受上，尽量采用图形界面，符合人类习惯，有一定吸引力。

5．继续做原型

做人机交互原型是 HIC 设计的基本工作，界面应使人们花最少的时间去掌握其使用技法，做几个可候选的原型，让人们一个一个地试用，要达到“臻于完善”，让用户由衷地满意。

6．设计 HIC 类

设计 HIC 类，从组织窗口和部件的人机交互设计开始，窗口作基本类、部件作属性或部分类、特殊窗口作特殊类。每个类包括窗口的菜单条、下拉菜单、弹出菜单的定义，每个类还定义了用来创造菜单、加亮选择等所需的服务。

7．根据 GUI 进行设计

图形用户界面区分为字型、坐标系统和事件。图形用户界面的字型是字体、字号、样式和颜色的组合。坐标系统主要因素有原点（基准点）、显示分辨率、显示维数等。事件则是图形用户界面程序的核心，操作将对事件作出响应，这些事件可能是来自人的，也可能是来自其他操作的。事件的工作方式有两种：直接方式和排队方式。所谓直接方式，是指每个窗口中的项目有自己的事件处理程序，一旦事件发生，则系统自动执行相应的事件处理程序。所谓排队方式，是指当事件发生时系统把它排到队列中，每个事件可用一些子程序信息来激发。可利用“next event”来得到一个事件并执行它所需要的一切操作。

4.3.3　对任务管理部件设计的测试

在 OOD 中，任务是指系统为了达到某一设定目标而进行的一连串数据操作（或服务），若干任务的并发执行叫作多任务。任务能简化并发行为的设计和编码，任务管理部件（TMC）的设计就是针对任务项，对一连串数据操作进行定义和封装，对于多任务要确定任务协调部分，以达到系统在运行中对各项任务的合理组织与管理。

1．TMC 设计策略

① 识别事件驱动任务。事件驱动任务是指睡眠任务（不占用 CPU），当某个事件发生时，任务被此事件触发，任务醒来做相应处理，然后又回到睡眠状态。

② 识别时钟驱动任务。按特定的时间间隔去触发任务进行处理，如某些设备需要周期性的数据采集和控制。

③ 识别优先任务和关键任务。把它们分离开来进行细致的设计和编码，保证时间约束或安全性。

④ 识别协调者。增加一个任务来协调诸任务，这个任务可以封装任务之间的协作。

⑤ 审查每个任务，使任务数尽可能少。

⑥ 定义每个任务，包括任务名、驱动方式、触发该任务的事件、时间间隔、如何通信等。

2．设计步骤

① 对类和对象进行细化，建立系统的 OOA/OOD 工作表格。OOA/OOD 工作表格包括：

某系统可选定的对象的条目，对该对象在OOD部件中位置的说明和注释等。

② 审查OOA/OOD工作表格，寻找可能被封装在TMC中与特定平台有关的部分，以及任务协调部分、通信的从属关系、消息、线程序列等。

③ 构建新的类。TM部件设计的首要任务就是构建一些新的类，这些类建立的主要目的是处理并发执行、中断、调度及与特定平台有关的一些问题。

任务管理部件一般在信息系统中使用较少，在控制系统中应用较多。

4.3.4 对数据管理部件设计的测试

数据管理部件（DMC）提供了在数据管理系统中存储和检索对象的基本结构，包括对永久性数据的访问和管理。它分离了数据管理机构所关心的事项，包括文件、关系数据库管理系统（RDBMS）或面向对象数据库管理系统（OODBMS）等。

（1）数据管理方法

数据管理方法主要有3种：文件管理、关系数据库管理和面向对象数据库管理。

① 文件管理：提供基本的文件处理能力。

② 关系数据库管理系统（RDBMS）：关系数据库管理系统建立在关系理论的基础上，它使用若干表格来管理数据，使用特定操作，如select（提取某些行）、project（提取某些栏）、join（联结不同表格中的行，再提取某些行）等，可对表格进行剪切和粘贴。通常根据规范化的要求，可对表格和它们的各栏重新组织，以减少数据冗余，保证修改一致性数据不出错。

③ 面向对象数据库管理系统（OODBMS）：通常面向对象的数据库管理系统以两种方法实现：一是扩充的RDBMS，二是扩充的面向对象程序设计语言（OOPL）。

扩充的RDBMS主要对RDBMS扩充了抽象数据类型和继承性，再加上一些一般用途的操作来创建和操纵类与对象。扩充的OOPL对面向对象程序设计语言嵌入了在数据库中长期管理存储对象的语法和功能。这样，可以统一管理程序中的数据结构和存储的数据结构，为用户提供一个统一视图，无须在它们之间做数据转换。

（2）数据管理部件的设计

数据存储管理部件的设计包括数据存放方法的设计和相应操作的设计。

① 数据存放的设计。

数据存放有三种形式：文件存放方式、关系数据库存放方式和面向对象数据库存放方式，根据具体情况选用。

② 相应操作的设计。

为每个需要存储的对象及类增加用于存储管理的属性和操作，在类及对象的定义中加以描述。通过定义，每个需要存储的对象将知道如何“存储自己”。

为能充分发挥面向对象的继承共享特性，OOD的类层次结构，通常基于OOA中产生的分类结构的原则来组织，着重体现父类和子类间的一般性和特殊性。在当前的问题空间，对类层次结构的主要要求是能在解空间构造实现全部功能的结构框架。为此，要测试以下方面：

① 类层次结构是否涵盖了所有定义的类；

② 是否能体现OOA中所定义的实例关联；

③ 是否能实现OOA中所定义的消息关联；

④ 子类是否具有父类没有的新特性；

⑤ 子类间的共同特性是否完全在父类中得以体现。

4.4　面向对象编程的测试

典型的面向对象程序具有继承、封装和多态的新特性，这使得传统的测试策略必须有所改变。封装是对数据的隐藏，外界只能通过被提供的操作来访问或修改数据，这样降低了数据被任意修改和读写的可能性，减少了程序中对数据非法操作的测试。继承是面向对象程序的重要特点，继承使得代码的重用率提高，同时也使错误传播的概率提高。继承使得传统测试遇见了这样一个难题：对继承的代码究竟应该怎样测试？（参见“面向对象的单元测试”）。多态使得面向对象程序对外呈现出强大的处理能力，但同时却使得程序内“同一”函数的行为复杂化，测试时不得不考虑不同类型具体执行的代码和产生的行为。

面向对象程序把功能的实现分布在类中。能正确实现功能的类，通过消息传递来协同实现设计要求的功能。正是这种面向对象程序风格，将出现的错误能精确地确定在某一具体的类。因此，在面向对象编程（OOP）的测试中，忽略类功能实现的细节，将测试的目光集中在类功能的实现和相应的面向对象程序风格，主要体现为以下两个方面（假设编程使用 C++语言）：

① 数据成员是否满足数据封装的要求；

② 类是否实现了要求的功能。

4.4.1　数据成员是否满足数据封装的要求

数据封装是数据和数据有关的操作的集合。检查数据成员是否满足数据封装的要求，基本原则是数据成员是否被外界（数据成员所属的类或子类以外的调用）直接调用。更直观地说，当改变数据成员的结构时，是否影响了类的对外接口，是否会导致相应外界必须改动。

值得注意的是，有时强制的类型转换会破坏数据的封装特性。

例 4-2

```
class Hiden
{
   private:
   int a=1;
   char *p= "hiden";
}
class Visible
{

   public:
   int b=2;
   char *s= "visible";
}
…
Hiden pp;
Visible *qq=(Visible *)&pp;
```

在上面的程序段中，pp 的数据成员可以通过 qq 被随意访问，这就破坏了数据的封装性。

4.4.2 类是否实现了要求的功能

类所实现的功能，都是通过类的成员函数执行的。在测试类的功能实现时，应该首先保证类成员函数的正确性。单独看待类的成员函数，与面向过程程序中的函数或过程没有本质区别，几乎所有传统的单元测试中所使用的方法，都可在面向对象的单元测试中使用。具体的测试方法在“面向对象的单元测试”中介绍。类函数成员的正确行为只是类能够实现要求功能的基础，类成员函数间的作用和类之间的服务调用是单元测试无法确定的。因此，需要进行面向对象的集成测试。具体的测试方法在面向对象的集成测试中介绍。需要注意的是，测试类的功能，不能仅满足于代码能无错运行或被测试类能提供的功能无错，而是应该以所做的 OOD 结果为依据，检测类提供的功能是否满足设计的要求，是否有缺陷，必要时（如通过 OOD 结果仍不清楚明确的地方）还应该参照 OOA 的结果，以其为最终标准。

4.5 面向对象的单元测试

面向对象的单元测试的对象是软件设计的最小单位——类。单元测试的依据是详细设计，单元测试应对类中所有重要的属性和方法设计测试用例，以发现类内部的错误。单元测试多采用白盒测试技术，系统内多个类块可以并行地进行测试。沿用单元测试的概念，实际测试类成员函数。一些传统的测试方法在面向对象的单元测试中都可以使用，如等价类划分法、因果图法、边值分析法、逻辑覆盖法、路径分析法等。

4.5.1 单元测试的内容

面向对象的单元就是类，单元测试实际就是对类的测试。类测试的目的主要是确保一个类的代码能够完全满足类的说明所描述的要求。对一个类进行测试以确保它只做规定的事情，对此给予关注的多少，取决于提供额外行为的类相关联的风险大小。每个类都封装了属性（数据）和管理这些数据的操作（也被称作方法或服务）。一个类可以包含许多不同的操作，一个特殊的操作可以出现在许多不同的类中，而不是个体的模块。传统的单元测试只能测试一个操作（功能），而在面向对象单元测试中，一个操作功能只能作为一个类的一部分，类中有多个操作（功能），就要进行多个操作的测试。另外，父类中定义的某个操作被多个子类继承，不同子类中某个操作在使用时又有细微的不同，所以还必须对每个子类中某个操作进行测试。对类的测试强调对语句应该有100%的执行代码覆盖率。在运行了各种类的测试用例后，如果代码的覆盖率不完整，就可能意味着该类包含了额外的文档支持行为，需要增加更多的测试用例来进行测试。

4.5.2 单元测试开始时间

单元测试的开始时间一般在完全说明了这个类，并且准备对其编码后不久。单元测试开始时要制订一个测试计划——至少是确定测试用例的某种形式。如果开发人员还负责该类的测试，那么尤其应该如此。因为确定早期测试用例有利于开发人员理解类说明，也有助于获得独立代码检查的反馈。

在递增的反复开发过程中，一个类的说明和实现在进程中可能会发生变化，所以，应该在软件的其他部分使用该类之前执行类的测试。每当一个类的实现发生变化时，就应该执行回归测试。如果变化是因发现代码中的缺陷而引起的，那么就必须执行测试计划的检查，而且必须增加或改变测试用例，以测试在未来的测试期间可能出现的那些缺陷。

4.5.3　单元测试的人员

单元测试通常由其开发人员测试，让开发人员起到测试人员的作用，可使得必须理解类说明的人员数量减至最少，而且方便使用基于执行的测试方法，因为他们对代码极其熟悉。由同一个开发者来测试，也有一定的缺点：开发人员对类说明的任何错误理解，都会影响到测试。因此，最好要求另一个类的开发人员编写测试计划，并且允许对代码进行对立检查。这样就可以避免这些潜在问题了。

4.5.4　单元测试的方法

单元测试的方法有代码检查和执行测试用例。在某些情况下，用代码检查代替基于执行的测试方法是可行的，但是，与基于执行的测试相比，代码检查有以下两个不利之处：

① 代码检查易受人为因素影响；

② 代码检查在回归测试方面明显需要更多的工作量，常常和原始测试差不多。

尽管基于执行的测试方法克服了以上缺点，但是确定测试用例和开发测试驱动程序也需要很大的工作量。在某些情况下，构造一个测试驱动程序的工作量比开发这个类的工作量还多，此时就应该评估在使用这个类的系统之外测试它所花的代价和带来的收益。

一旦确定了一个类的可执行测试用例，就必须执行测试驱动程序来运行每一个测试用例，并给出每一个测试用例的结果。

类测试时不能孤立地测试单个操作，要将操作作为类的一部分；同时要把对象与其状态结合起来，进行对象状态行为的测试。

类的测试按顺序分为以下三部分。

① 基于服务的测试: 测试类中的每一个方法。

② 基于状态的测试: 考察类的实例在其生命周期各个状态下的情况。

③ 基于响应状态的测试: 从类和对象的责任出发，以外界向对象发送特定消息序列的方法来测试对象的各个响应状态。

其中，方法测试主要考察封装在类中的一个方法对数据进行的操作。它可以采用传统的白盒测试方法，如控制流测试、数据流测试、循环测试、排错测试等。基于状态的测试，重点测试一个作用于被测类的对象的消息序列是否将该对象置于“正确”的状态。

4.5.5　方法的测试

在测试类的功能实现时，应该首先保证类成员函数的正确性。类函数成员的正确行为只是类能够实现要求功能的基础，类成员函数间的作用和类之间的服务调用是单元测试无法确定的。因此，需要进行面向对象的集成测试。测试时主要考虑封装在类中的一个方法对数据进行的操作，可以采用传统的模块测试方法，通过向所在对象发消息来执行，它的执行与状态有关。因此，设计测试用例时要考虑设置对象的初态，并且要设计一些函数来观察隐蔽的状态值。

类的行为是通过其内部方法来表现的，方法可以看作传统测试中的模块。因此传统的针对模块的设计测试用例的技术，如逻辑覆盖、等价划分、边界值分析和错误推测等方法，仍然可以作为测试类中每个方法的主要技术。面向对象系统中为了提高方法的重用性，每个方法所实现的功能应尽量小，每个方法常常只由几行代码组成，控制比较简单，因此测试用例的设计相对比较容易。在传统的结构化系统中，需要设计一个能调用被测模块的主程序来实现对模块的测试，而在面向对象系统中方法是通过消息来驱动执行的，要测试类中的方法，必须用一个驱动程序对被测方法发一条消息以驱动其执行，如果被测模块或方法中调用了其他的模块或方法，则需要设计一个模拟被调子程序功能的存根程序。驱动程序、存根程序及被测模块或方法组成一个独立的可执行单元。

方法测试中有两个方面要加以注意。首先，方法执行的结果并不一定返回调用者，有的可能是改变被测对象的状态（类中所有属性值）。状态是外界不可见的，为了测试对象状态的变化是否已经被执行，在驱动程序中还必须给对象发送一些额外的信息。其次，除了类中自己定义的方法，还可能存在从基类继承来的方法，这些方法虽然在基类中已经测试过，但派生类往往需要再次测试。

在面向对象软件中，在保证单个方法功能正确的基础上，还应该处理好测试方法之间的协作关系。操作被封装在类中，对象彼此间通过发送消息启动相应的操作。但是，对象并没有明确地规定用什么次序启动它的操作才是合法的。这时，对象就像一个有多个入口的模块，因此，必须测试方法依不同次序组合的情况。但是为了提高方法的重用性，设计方法的一个准则是提高方法的内聚，即一个方法应该只完成单个功能，因此一个类中方法数一般较多。当类中方法数为 n 时，全部的次序组合数为 2^n。因此，测试完全的次序组合通常是不可能的。在设计测试用例时，同样可以利用等价划分、边界值、错误推测等技术从各种可能启动操作的次序组合中，选出最可能发现属性和操作错误的若干种情况，重点测试。测试步骤与单个方法的测试步骤类似。

同样，对于继承来的方法与新方法的协作，也要加以测试。因为新方法的加入，增加了启动操作次序的组合情况，某些启动序列可能破坏对象的合法状态。所以，对于继承来的方法也需要仔细测试其是否能够完成相应的功能。

由上可见，如果以方法为单元进行测试，那么面向对象的单元测试就相当于传统过程的单元测试了，以前的方法都可以使用。

需要考虑的是，运行测试用例时候，必须提供能够实例化的桩类，以及起驱动器作用的“主程序”类，来提供和分析测试用例。

4.5.6 构建类测试用例

面向对象软件产品的基本组成单位是类，从宏观上来看，面向对象软件的运行是各个类之间的相互作用。在面向对象系统中，系统的基本构造模块是封装了的数据和方法的类和对象，而不再是一个个能完成特定功能的功能模块。每个对象有自己的生存周期，有自己的状态。消息是对象之间相互请求或协作的途径，是外界使用对象方法及获取对象状态的唯一方式。对象的功能是在消息的触发下，由对象所属类中定义的方法与相关对象的合作共同完成的。工作过程中对象的状态可能被改变，产生新的状态。对象中的数据和方法是一个有机的整体，测试过程中不能仅仅检查输入数据产生的输出结果是否与预期吻合，还要考虑对象的状态，因为在不同状态下对消息的响应可能完全不同。类测试是由那些与验证类的实现是否和该类的说明完全一致的相关联的活动组成的。类测试的对象主要是指能独立完成一定功能的原始类。如果类的实现正确，那么类的每一个实例的行为也应该是正确的。

要对类进行测试，就必须先确定和构建类的测试用例。类的描述方法有 OCL（对象约束语言）、自然语言和状态转换图等，可以根据类说明的描述方法构建类的测试用例。因而，构建类的测试用例的方法有：根据类说明（用 OCL 表示）确定测试用例和根据类的状态转换图来构建类的测试用例。

用 OCL 表示类的说明中描述了类的每一个限定条件。在 OCL 条件下分析每个逻辑关系，从而得到由这个条件的结构所对应的测试用例。这种确定类的测试用例的方法叫作根据前置条件和后置条件构建测试用例。其总体思想是：为所有可能出现的组合情况确定测试用例需求。在这些可能出现的组合情况下，可满足前置条件，也能够到达后置条件。根据这些需求，创建测试用例，创建拥有特定输入值（常见值和特殊值）的测试用例，定它们的正确输出——预期输出值。

根据前置条件和后置条件创建测试用例的基本步骤如下所述。

① 确定与表 4-1 中前置条件形成相匹配的各个项目所指定的一系列前置条件的影响。

表 4-1　前置条件对测试系列的影响

前置条件	影　响	
True	(true 、post)	
A	(A、post)	
	(not A、exception)	*
Not A	(not A、post)	
	(A、exception)	*
A and B	(A and B、post)	
	(not A and B、exception)	*
	(A and not B、exception)	*
	(not A and not B、exception)	*
A or B	(A、post)	
	(B、post)	
	(A and B、post)	
	(not A and not B、post)	
A xor B	(not A and B、post)	
	(A and not B、post)	
	(A and B、exception)	*
	(not A and not B、exception)	*
A implies B	(not A、post)	
	(B、post)	
	(not A and B、post)	
	(A and not B、exception)	*
if A then B else C endif	(A and B、post)	
	(not A and C、post)	
	(A and not B、exception)	*
	(not A and not C、exception)	*

注：① A、B、C 代表用 OCL 表示的组件；

② 假如类说明中的保护性设计方法是隐式的，那么也必须对那些标记有*的测试用例进行阐述；如果保护性设计方法在类的说明中是显式的，那么测试用例也就确定了。

② 确定与表 4-2 中后置条件形成相匹配的各个项目所指定的一系列后置条件的影响。

③ 根据影响到列表中各个项目的所有可能的组合情况从而构造测试用例需求。一种简单的方法就是：用第一个列表中的每一个输入约束来代替第二个列表中每一个前置条件。

④ 排除表中生成的所有无意义的条件。

表 4-2 后置条件对测试系列的影响

后置条件	影响
A	(pre ; A)
A and B	(pre ; A and B)
A or B	(pre ; A) (pre ; B) (pre ; A or B)
A xor B	(pre ; not A or B) (pre ; A or not B)
A implies B	(pre ; not A or B)
if A then B else C endif	(pre and * ; B) (pre and not * ; C)

注：① A、B、C 代表用 OCL 表示的组件；

② 对于"if A then B else C endif"这个后置条件，假如测试用例不会对表达式 A 产生影响，那么在用这个后置条件时，* = A else * 就是使得 A 为真的一个条件。

总之，要对类进行测试，就必须先确定和构建类的测试用例。目前，面向对象软件的测试用例设计方法还未成型，Berrad 提出了对面向对象测试用例设计的整体方法。

① 每个测试用例应该被唯一标识，并且与被测试的类显式地关联。

② 应该陈述测试的目的。

③ 对每个测试设计的测试用例应该包含以下内容：

- 被测试对象的一组特定状态；
- 为得到测试的结果而须使用的一组消息和操作；
- 测试对象时可能产生的一组例外；
- 一组外部条件(即为了适当地进行测试而必须存在的软件外部环境的变化)；
- 辅助理解或实现测试的补充信息。

4.5.7 测试程度

可以根据已经测试了多少类实现和多少类说明来衡量测试的充分性。对于类的测试，通常需要将这两者都考虑到，希望测试到操作和状态转换的各种组合情况。一个对象能维持自己的状态，而状态一般来说也会影响操作的含义。但要穷举所有组合是不可能的，而且是没必要的。因此，应结合风险分析进行选择配对系列的组合，以达到使用最重要的测试用例并抽取部分不太重要的测试用例的目的。

4.6 面向对象的集成测试

传统的集成测试，是通过各种集成策略集成各功能模块进行测试，一般可以在部分程序编译完成的情况下进行。而对于面向对象程序，相互调用的功能散布在程序的不同类中，类通过消息相互作用申请和提供服务。类的行为与它的状态密切相关，状态不仅仅体现为类数据成员的值，还可能包括其他类中的状态信息。由此可见，类之间相互依赖，根本无法在编译不完全的程序上对类进行测试。所以，面向对象的集成测试通常需要在整个程序编译完成后进行。此外，面向对象程序具有动态特性，程序的控制流往往无法确定，因此也只能对整个编译后的程序做基于黑盒子的集成测试。

把一组相互有影响的类看作一个整体，称为类簇。类簇测试主要根据系统中相关类的层次关系，检查类之间相互作用的正确性，即检查各相关类之间消息连接的合法性、子类的继承性与父类的一致性、动态绑定执行的正确性、类簇协同完成系统功能的正确性等。其测试有以下两种不同策略。

（1）基于类间协作关系的横向测试

由系统的一个输入事件为激励，对其触发的一组类进行测试，执行相应的操作/消息处理路径，最后终止于某一输出事件。应用回归测试对已测试过的类集再重新执行一次，以保证加入新类时不会产生意外的结果。

（2）基于类间继承关系的纵向测试

首先通过测试独立类（是系统中已经测试正确的某类）来开始构造系统，在独立类测试完成后，进行下一层继承独立类的类（称为依赖类）的测试，这个依赖类层次的测试序列一直循环执行到构造完整个系统为止。

集成测试在面向对象系统中属于应用生命周期的一个阶段，可在两个层次上进行。第一层对一个新类进行测试，并测试在定义中所涉及的那些类的集成。设计者通常用关系 is a，is part 和 refers to 来描述类与类之间的依赖，并隐含了类测试的顺序。首先测试基础类，然后使用这些类，再按层次继续测试，每一层次都使用了以前已定义和测试过的类作为部件块。对面向对象领域中集成测试的特别要求是：应当不需要特别地编写代码就可把在当前的软件开发中使用的元素集合起来。因此，其测试重点是各模块之间的协调性，尤其是那些从没有在一起的类之间的协调性。

集成测试的第二层是将各部分集合在一起组成整个系统进行测试。以 C++ 语言编写的应用系统为例，通常在其主程序中创建一些高层类和全局类的实例，通过这些实例的相互通信实现系统的功能。所选择的测试用例应当瞄准待开发软件的目标而设计，并且应当给出预期的结果，以确定软件的开发是否与目标相吻合。

面向对象的集成测试能够检测出类相互作用时才会产生的错误，这是相对独立的单元测试无法检测出来的。基于单元测试对成员函数行为正确性的保证，集成测试只关注于系统结构和内部的相互作用。面向对象的集成测试可以分成两步进行：先进行静态测试，再进行动态测试。

静态测试主要针对程序的结构进行，检测程序结构是否符合设计要求。现在流行的一些测试软件都能提供一种称为“可逆性工程”的功能，即通过原程序得到类关系图和函数功能调用关系图。如 International Software Automation 公司的 Panorama-2 for Windows 95 软件和 Rational 公司的 Rose C++ Analyzer 软件等。将“可逆性工程”得到的结果与 OOD 的结果相比较，检测程序结构和实现上是否有缺陷。换句话说，通过这种方法检测 OOP 是否达到了设计要求。

动态测试设计测试用例时，通常需以上述的功能调用结构图、类关系图或者实体关系图为参考，确定不需要被重复测试的部分，从而优化测试用例，减少测试工作量，使得进行的测试能够达到一定覆盖标准。测试所要达到的覆盖标准可以是：达到类所有的服务要求或服务提供的一定覆盖率；依据类间传递的消息，达到对所有执行线程的一定覆盖率；达到类的所有状态的一定覆盖率等。同时也可以考虑使用现有的一些测试工具来得到程序代码执行的覆盖率。

具体设计测试用例的步骤如下：

① 先选定检测的类，参考 OOD 分析结果，考虑类的状态和相应的行为、类或成员函数间传递的消息、输入或输出的界定等；

② 确定覆盖标准；

③ 利用结构关系图确定待测类的所有关联；

④ 根据程序中类的对象构造测试用例，确认使用什么输入激发类的状态、使用类的服务和期望产生什么行为等。

值得注意的是，设计测试用例时，不但要设计确认类功能得到满足的输入，还应该有意识地设计一些被禁止的例子，确认类是否有不合法的行为产生，如发送与类状态不相适应的消息，要求不相适应的服务等。根据具体情况，动态地集成测试，有时也可以通过系统测试完成。

4.7 面向对象的系统测试

单元测试和集成测试仅能保证软件开发的功能得以实现，但不能确认在实际运行时，它是否满足用户的需要，是否存在大量实际使用条件下会被诱发产生错误的隐患。为此，对完成开发的软件必须经过规范的系统测试。换个角度说，开发完成的软件仅仅是实际投入使用系统的一个组成部分，需要测试它与系统其他部分配套运行的表现，以保证在系统各部分协调工作的环境下也能正常工作。

系统测试是对所有类和主程序构成的整个系统进行整体测试，检验软件和其他系统成员配合工作的正确性及性能指标是否满足需求规格说明书和任务书所指定的要求等。它与传统的系统测试一样，主要集中在用户可见活动和用户可识别的系统输出上，包括功能测试、性能测试、余量测试等，可套用传统的系统测试方法。测试用例可以从对象—行为模型和作为面向对象分析一部分的事件流图中导出。

系统测试应该尽量搭建与用户实际使用环境相同的测试平台，应该保证被测系统的完整性，对临时没有的系统设备部件，也应有相应的模拟手段。系统测试时，应该参考 OOA 分析的结果，对照描述的对象、属性和各种服务，检测软件是否能够完全“再现”问题空间。系统测试不仅是检测软件的整体行为表现，也是对软件开发设计的再确认。这里说的系统测试是对测试步骤的抽象描述。它体现的具体测试内容包括以下几个方面。

（1）功能测试

测试是否满足开发要求，是否能够提供设计所描述的功能，是否满足用户的需求。功能测试是系统测试最常用和必需的测试，通常会以正式的软件说明书为测试标准。

（2）强度测试

测试系统的能力最高实际限度，即软件在一些超负荷情况下的功能实现情况。如要求软件某一行为的大量重复、输入大量的数据或大数值数据、对数据库进行大量复杂的查询等。

（3）性能测试

测试软件的运行性能。这种测试常常与强度测试结合进行，需要事先对被测软件提出性能指标，如传输连接的最长时限、传输的错误率、计算的精度、记录的精度、响应的时限和恢复时限等。

（4）安全测试

验证安装在系统内的保护机构确实能够对系统进行保护，使之不受各种非常的干扰。安全测试时，需要设计一些试图突破系统安全保密措施的测试用例，检验系统是否有安全保密的漏洞。

（5）恢复测试

采用人工的干扰使软件出错，中断使用，检测系统的恢复能力，特别是通信系统。恢复测试时，应该参考性能测试的相关测试指标。

（6）安装/卸载测试

测试用户能否方便地安装/卸载软件。

（7）可用性测试

测试用户是否能够满意使用。具体体现为操作是否方便、用户界面是否友好等。

（8）基于 UML 的系统测试

考察系统的规格说明、用例图、GUI 状态图，分成下面 4 个层次：

① 构建用例与系统功能的关联矩阵，建立测试覆盖的初步标准，从对应于扩展基本用例的真实用例中导出测试用例；

② 通过所有真实用例开发测试用例；

③ 由 GUI 外观有限状态机描述导出有限状态机，通过有限状态机导出测试用例；

④ 通过基于状态的事件表导出测试用例，这种工作必须对每个状态重复进行。

（9）基于状态图的系统测试

状态图是很好的系统测试的基础。问题是，UML 将状态图规定为类级的。合成多个类的状态图得到一个系统级的状态图是很难的。一种可行的方法是，将每个类级的状态图转换成一组 EDPN（event-driven petri network，事件驱动的 Petri 网），然后合成 EDPN。

4.8　面向对象的其他测试

在面向对象测试中，除需要进行上面介绍的测试外，还应该进行如下测试。

4.8.1　基于故障的测试

在面向对象的软件中，基于故障的测试具有较高的发现可能故障的能力。由于系统必须满足用户的需求，因此，基于故障的测试要从分析模型开始，考察可能发生的故障。为了确定这些故障是否存在，可设计用例去执行代码。基于故障测试的关键取决于测试设计者如何理解“可能的错误”。而在实际中，要求设计者做到这点是不可能的。基于故障测试也可以用于集成测试，集成测试可以发现消息联系中“可能的故障”。“可能的故障”一般为意料之外的结果，错误地使用了操作、消息、不正确引用等。为了确定由操作（功能）引起的可能故障，必须检查操作的行为。这种方法除用于操作测试外，还可用于属性测试，用以确定对不同类型的对象行为是否赋予了正确的属性值。因为一个对象的“属性”是由其赋予属性的值定义的。

应当指出，集成测试是从客户对象（主动）而不是从服务器对象（被动）上发现错误的，正如传统的软件集成测试是把注意点集中在调用代码而不是被调用代码上一样。即发现客户对象中“可能的故障”。

4.8.2 基于脚本的测试

基于脚本的测试主要关注用户需要做什么，而不是产品能做什么，即从用户任务（使用用例）中找出用户要做什么。这种基于脚本的测试有助于在一个单元测试情况下检查多重系统。所以基于脚本的测试比基于故障的测试更实际（接近用户）、更复杂。

基于脚本测试减少了两种类型的错误：

① 不正确的规格说明，如做了用户不需要的功能或缺少了用户需要的功能；

② 子系统间的交互作用没有考虑，如一个子系统（事件或数据流等）的建立，导致其他子系统的失败。

例 4-3 考察一个文本编辑的基于脚本测试的用例设计。

使用用例：确定最终设计。

背景：打印最终设计，并能从屏幕图像上发现一些不易见到但让人烦恼的错误。

执行事件序列：打印整个文件；移动文件，修改某些页；当某页被修改，就打印某页；有时要打印许多页。

显然，测试者希望发现打印和编辑两个软件的功能是否能够相互依赖，否则就会产生错误。

4.8.3 面向对象类的随机测试

如果一个类有多个操作（功能），这些操作（功能）序列有多种排列，而这种不变化的操作序列可随机产生，用这种可随机排列的序列来检查不同类实例的生存史，就是随机测试。例如，一个银行信用卡的应用，其中有一个类：计算（account）。该 account 的操作有：open，setup，deposit，withdraw，balance，summarize，creditlimit 和 close。这些操作中的每一项都可用于计算，但 open，close 必须在其他计算的任何一个操作前、后执行，即使 open 和 close 有这种限制，这些操作仍有多种排列。所以一个不同变化的操作序列可因应用不同而随机产生，如一个 account 实例的最小行为生存史可包括以下操作：

```
open+setup+deposit+[deposit|withdraw|balance|summarize|creditlimit]+withdraw+close
```

由此可见，尽管这个操作序列是最小测试序列，但在这个序列内仍可以发生许多其他的行为。

4.8.4 类层次的分割测试

这种测试可以减少用完全相同的方式检查类测试用例的数目。这很像传统软件测试中的等价类划分测试。分割测试又可分三种：

① 基于状态的分割，按类操作是否改变类的状态来分割（归类）；

② 基于属性的分割，按类操作所用到的属性来分割（归类）；

③ 基于类型的分割，按完成的功能分割（归类）。

习题

1．面向对象的软件测试与传统的软件测试有何不同？

2．简述面向对象测试模型。

3．在进行主题层的测试时应该考虑哪些方面？

4．如何进行类测试？

5．面向对象系统测试包括哪些内容？

第 5 章　Web 系统测试技术

Web 工程作为一门新兴的学科，提倡使用一个过程和系统的方法来开发高质量的基于 Web 的系统。它“使用合理的、科学的工程和管理原则，用严密和系统的方法来开发、发布和维护基于 Web 的系统”。在 Web 工程过程中，基于 Web 系统的测试、确认和验收是一项重要而富有挑战性的工作。基于 Web 的系统测试与传统的软件测试不同，它不但需要检查和验证是否按照设计的要求运行，而且还要测试系统在不同用户浏览器端的显示是否合适。重要的是，还要从最终用户的角度进行安全性和可用性测试。

5.1　Web 测试概述

随着互联网的普及和广泛应用，Web 的应用越来越广泛，由于它能提供支持所有类型内容连接的信息发布，容易为最终用户存取，所以基于 Web 的服务无所不在。但同时对 Web 的要求也越来越高。

5.1.1　Web 的特点

经过长时间的发展，Web 技术已经日臻成熟，Web 网站也逐步显现了它的特点。

1．网络集约性

就本质而言，一个 Web 网站是网络集约的。它可以驻留在网络上，服务于变化多样的客户群。例如，时下流行的门户网站或者网络游戏，都可以看成一个完善的大型 Web 应用系统，服务于各种客户群，但其本身只需要一个服务器端，用各式各样的客户端满足不同要求的客户。

2．内容驱动性

一般来说，Web 网站不是为了某个或某些特定用户量身定做的，它们一般都拥有一个广大的服务群体，其服务的内容，往往是由这些群体的要求所决定的。在大多数情况下，一个 Web 网站的主要功能是使用 HTML（超文本标记语言）、JavaScript 等语言来表示文本、图形、音频、视频内容传送给终端用户。

3．持续演化性

不同于传统的、按一系列规律发布的应用软件（如微软每隔 1～2 年发布新的 Office 办公软件），Web 网站一般是采取持续演化的模式。对于某些 Web 应用而言，按小时为单位进行更新是司空见惯的。

4．即时性

Web 网站具有其他任何软件类型都没有的即时性，或者称为快速性。对于某些较大规模的 Web 网站，开发时间往往也只有几周或者几天，适度复杂的 Web 页面可以仅在几小时内完成。这要求开发者必须对开发 Web 应用所需的压缩时间进度的规划、分析、实现及测试方法十分熟练。

5. 安全性

为了提高系统效率，Web 网站进行网络访问时需要限制访问终端的用户数量。为了保护敏感内容，必须提供安全的数据传输模式。因此，要求 Web 网站必须有一定的安全性保障。

6. 美观性

良好的美观感会使一个 Web 网站锦上添花。在某种应用已经被市场广泛接受或者定义为标准时，美观性可能和技术在同样程度上影响该应用的成功。

5.1.2 基于 Web 的测试

随着基于 Web 的系统变得越来越复杂，一个项目的失败将可能导致很多问题。当这种情况发生时，人们对 Web 和 Internet 的信心可能会动摇，从而引起 Web 危机。基于上述 Web 系统的独有特性，仍然用传统的测试方法对 Web 系统进行测试已经显得力不从心。

在 Web 工程过程中，基于 Web 系统的测试、确认和验收是一项重要而富有挑战性的工作。基于 Web 的系统测试与传统的软件测试不同，它不但需要检查和验证是否按照设计的要求运行，而且还要测试系统在不同用户浏览器端的显示是否合适。重要的是，还要从最终用户的角度进行安全性和可用性测试。然而，Internet 和 Web 媒体的不可预见性使测试基于 Web 的系统变得困难。因此，必须为测试和评估复杂的基于 Web 的系统研究新的方法和技术。

一般软件的发布周期以月或年计算，而 Web 应用的发布周期以天计算甚至以小时计算。Web 测试人员必须处理更短的发布周期，测试人员和测试管理人员面临着从测试传统的 C/S（客户/服务器）结构和框架环境到测试快速改变的 Web 应用系统的转变。

Web 网站本质上带有 Web 服务器和客户端浏览器的 C/S 结构的应用程序。主要考虑 Web 页面、TCP/IP 通信、Internet 链接、防火墙和运行在 Web 页面上的一些程序（如 Applet、JavaScript、应用程序插件），以及运行在服务器端的应用程序（如数据库接口、日志程序、动态页面产生器等）。另外，因为服务器和浏览器类型很多，不同版本差别很小，但是表现出来的结果却不同，连接速度及日益发展的技术和多种标准、协议，使得 Web 测试成为一项正在不断研究的新型课题。

对于 Web 系统，应该着重考虑以下方面。

① 服务器上期望的负载是多少，在这些负载下应该具有什么样的性能（如服务器反应时间、数据库查询时间），性能测试需要什么样的测试工具（如 Web 负载测试工具、其他已经被采用的测试工具、Web 自动下载工具，等等）。

② 系统用户是谁，他们使用什么样的浏览器，使用什么类型的连接，他们是在公司内部（这样可能有比较快的连接速度和相似的浏览器）还是外部（这可能会使用多种浏览器和连接速度）。

③ 在客户端希望有什么样的性能（如页面显示速度，动画、Applets 的速度等，如何引导和运行）。

④ 是否允许网站维护或升级，投入多少。

⑤ 是否需要考虑安全方面（防火墙、加密、密码等），如何做，怎么能被测试，需要连接的 Internet 网站的可靠性有多高，对备份系统或冗余链接请求如何处理和测试，Web 网站管理、升级时需要考虑哪些步骤，需求、跟踪、控制页面内容、图形、链接等有什么需求。

⑥ 需要考虑哪种 HTML 规范，有多严格，允许终端用户浏览器有哪些变化。

⑦ 页面显示和/或图片占据整个页面或页面一部分是否有标准或需求。

⑧ 内部和外部的链接是否能够被验证和升级，多久一次。

⑨ 产品系统能否被测试，或者是否需要一个单独的测试系统，浏览器的缓存、浏览器操作设置改变、拨号上网连接及Internet中产生的“交通堵塞”问题在测试中是否解决，这些考虑了吗。

⑩ 服务器日志和报告内容能否定制，它们是否被认为是系统测试的主要部分并需要测试。

⑪ CGI 程序、Aapplets、JavaScript、ActiveX 组件等能否被维护、跟踪、控制和测试。基于对上述问题的回答，可以将Web测试分为可用性测试（功能测试）、性能测试、兼容性测试、安全测试等。

5.2 Web 可用性测试

Web可用性测试又称为Web功能测试，就是对产品的各功能进行验证，根据功能测试用例逐项测试，检查产品是否达到用户要求的功能。主要涉及以下几方面。

5.2.1 链接测试

链接是 Web 网站的一个主要特征，它是在页面之间切换和引导用户去一些未知地址页面的主要手段。链接测试的原理很简单，就是从待测网站的根目录开始搜索所有的网页文件，对所有网页文件中的超级链接、图片文件、包含文件、CSS 文件、页面内部链接等所有链接进行读取，如果网站内文件不存在、指定文件链接不存在或者是指定页面不存在，则将该链接和处于什么文件的具体位置记录下来，一直到该网站所有页面中的所有链接都测试完后才结束测试，并输出测试报告。如果发现被测网站内有页面既没有链接到其他资源也没有被其他资源链接，则可以判定该页面为孤立页面，将该页面添加到孤立页面记录，并提示用户。测试链接目标是否存在和是否有孤立页面都可以通过相应工具自动完成，但是这些自动化工具却不能判断目标页面是否与用户的意图相符合，如果链接到不正确的页面，如将公司介绍链接到产品介绍，则自动化测试工具无法进行判断，因此链接页面的正确性需要人工判断。

1. 链接测试的内容

链接测试的内容包括：

① 测试所有链接是否按指示的那样确实链接到了应该链接的页面；

② 测试所链接的页面是否存在；

③ 保证 Web 网站上没有孤立的页面，所谓孤立页面，是指没有链接指向该页面，只有知道正确的URL 地址才能访问；

④ 链接测试可以手动进行，也可以自动进行；

⑤ 链接测试必须在集成测试阶段完成，也就是说，在整个 Web 网站的所有页面开发完成之后进行链接测试。

2. 链接测试的工具

链接测试主要通过工具来完成，主要的链接测试工具软件有Xenu Link Sleuth、HTML Link Validator、Web Link Validat，现做简要介绍（具体应用请参照各工具的使用文档）。

（1）Xenu Link Sleuth

该工具是最小但功能最强大的检查网站死链接的软件之一。可以打开一个本地网页文件来检查它的链接，也可以输入任何网址来检查。它可以分别列出网站的活链接及死链接，对转向链接也分析得一清二楚；它支持多线程，可以把检查结果存储成文本文件或网页文件。

（2）HTML Link Validator

该工具软件可以检查 Web 中的链接情况，看看是否有无法链接的内容。它可以在很短时间内检查数千个文件，只需用鼠标双击放有网页的文件夹就能开始检查。可以标记错误链接的文件，很方便地显示链接，使用者也可以编辑这些资料。

（3）Web Link Validat

Web Link Validat 用输入网址的方式来测试网络连接是否正常，可以给出一个任意存在的网络连接，像软件文件、HTML 文件、图形文件等都可以测试。

5.2.2　站点地图/导航测试

导航描述了用户在一个页面内的操作方式，主要存在于不同用户的接口控制之间，如按钮、对话框、列表和窗口等；或在不同的链接页面之间。有些网络用户可以直接去自己想去的地方，而不必单击一大堆页面才能到达。另外，新用户在网站中可能会迷失方向，站点地图和导航条可以引导用户进行浏览。

在一个页面上放太多的信息往往会起到与预期相反的效果。Web 应用系统的用户趋向于目的驱动，很快地扫描一个 Web 应用系统，看是否有满足自己需要的信息，如果没有，就会很快离开，很少有用户愿意花时间去熟悉 Web 应用系统的结构，因此，Web 应用系统导航帮助要尽可能准确。

导航的另一个重要方面是 Web 应用系统的页面结构、导航、菜单、连接的风格是否一致。确保用户凭直觉就知道 Web 应用系统里面是否还有内容，内容在什么地方。

Web 应用系统的层次一旦决定，就要着手测试用户导航功能，让最终用户参与这种测试，效果将更加明显。

一般从以下几个方面对一个 Web 应用系统的站点地图/导航进行测试：

① 站点地图是否正确；

② 地图上的链接是否确实存在；

③ 地图有没有包括站点上的所有链接；

④ 是否每个页面都有导航条；

⑤ 导航条是否一致；

⑥ 每个页面的链接是否正常；

⑦ 导航条是否直观；

⑧ Web 系统的主要部分是否可通过主页存取；

⑨ Web 系统是否需要站点地图、搜索引擎或其他的导航帮助。

5.2.3　图形测试

无论作为屏幕的聚焦点或作为指引的小图标，一张图片都胜过千言万语。有时，告诉用户一个东西的最好办法就是将它展示给用户。在 Web 应用系统中，适当的图片和动画既能起到广告宣传的作用，又能起到美化页面的功能。一个 Web 应用系统的图形可以包括图片、动画、边框、颜色、字体、背景、按钮等。但是，带宽对客户端或服务器来说都是非常宝贵的，所以要注意节约使用。

图形测试的内容包括以下几个方面。

① 要确保图形有明确的用途，图片或动画不要杂乱地堆在一起，以免浪费传输时间。Web 应用系统的图片尺寸要尽量小，并且要能清楚地说明某件事情，一般都能链接到某个具体的页面。

② 验证所有页面字体的风格是否一致。

③ 背景颜色是否与字体颜色和前景颜色相搭配。由于 Web 日益流行，很多人把它看作图形设计作品。但是，有些开发人员对新的背景颜色更感兴趣，以至于忽略了这种背景颜色是否易于浏览。通常来说，使用少许或尽量不使用背景是个不错的选择。如果您想用背景，那么最好使用单色的。另外，图案和图片可能会转移用户的注意力。

④ 图片的大小和质量也是一个很重要的因素，一般采用 JPG 或 GIF 压缩，最好能使图片的大小减小到 30 KB 以下。

⑤ 是否所有的图片对所在的页面都是有价值的，或者它们只是浪费带宽。

⑥ 通常来说，不要将大图片放在首页上，因为这样可能会使用户放弃下载首页。如果用户可以很快看到首页，他就可能会浏览站点，否则可能放弃。

⑦ 最后，需要验证文字回绕是否正确。如果说明文字指向右边的图片，应该确保该图片出现在右边。不要因为使用图片而使窗口和段落排列古怪或者出现孤行。

5.2.4 表单测试

表单是指网页中用于输入和选择信息的文本框、列表框和其他域。当用户通过表单提交信息的时候，都希望表单能正常工作。如果使用表单来进行在线注册，要确保提交按钮能正常工作，当注册完成后应返回注册成功的消息。如果使用表单收集配送信息，应确保程序能够正确处理这些数据，最后能让客户收到包裹。要测试这些程序，需要验证服务器能正确保存这些数据，而且后台运行的程序能正确解释和使用这些信息。

当用户使用表单进行用户注册、登录、信息提交等操作时，必须测试提交操作的完整性，以校验提交给服务器的信息的正确性。例如，用户填写的出生日期与职业是否恰当，填写的所属省份与所在城市是否匹配等。如果使用了默认值，还要检验默认值的正确性。如果表单只能接受指定的某些值，则也要进行测试。例如，只能接受某些字符，测试时可以跳过这些字符，看系统是否会报错。另外，还要测试表单是否能接受正确数据，也能拒绝错误数据。

5.2.5 内容测试

对于开发人员来说，可能先有功能然后才对这个功能进行描述。大家坐在一起讨论一些新的功能，然后开始开发，在开发的时候，开发人员可能不注重文字表达，他们添加文字可能只是为了对齐页面。不幸的是，这样出来的产品可能会产生严重的误解。因此，测试人员应和公关部门一起检查内容的文字表达是否恰当；否则，公司可能陷入麻烦之中，也可能引起法律方面的问题。

内容测试用来检验 Web 应用系统提供信息的正确性、准确性和相关性。

信息的正确性是指信息是可靠的还是误传的。例如，在商品价格列表中，错误的价格可能引起财政问题甚至导致法律纠纷。

信息的准确性是指是否有语法或拼写错误。这种测试通常使用一些文字处理软件来进行，例如，使用 Microsoft Word 的“拼音与语法检查”功能。

信息的相关性是指是否可在当前页面找到与当前浏览信息相关的信息列表或入口，也就是一般 Web 站点中的所谓“相关文章列表”。

测试人员应确保站点看起来更专业些。过分地使用粗体字、大字体和下划线可能会让用户感到不舒服。在进行用户可用性方面的测试时，最好先请图形设计专家对站点进行评估。用户可能不希望看到一篇到处是黑体字的文章，所以，相信用户也希望自己的站点能更专业一些。最后，需要确定是否列出了相关站点的链接。很多站点希望用户将邮件发到一个特定的地址，或者从某个站点下载浏览器。但是如果用户无法单击这些地址，就可能会觉得很迷惑。

5.2.6　整体界面测试

人们作为 Web 用户都有使用浏览器浏览网页的经历，使用 Web 浏览器作为应用程序前台的一个原因就是它易于使用。用户有可能不是专业人士，所以界面效果的印象是很重要的。如果注重这方面的测试，那么验证应用程序是否易于使用就非常重要了。很多人认为这是测试中最不重要的部分，但是恰恰相反，界面对不懂技术的客户来说是相当关键的。所以，为了使 Web 网站使用起来更加方便，必须进行 Web 用户界面测试。

整体界面是指整个 Web 应用系统的页面结构设计，是给用户的一个整体感。也就是说，使用户浏览 Web 应用系统时感到舒适，凭直觉就知道要找的信息在什么地方，整个 Web 应用系统的设计风格保持一致。

整体界面测试主要是通过页面走查方式测试，通过浏览确定被测试的页面是否符合需求。目前流行的界面风格有三种方式：多窗体、单窗体及资源管理器风格。无论哪种风格，验证并体验界面要素是否符合标准和规范，其直观性、一致性、舒适性、灵活性、正确性和实用性等特性是应该被着重考虑的。

1．直观性

用户界面应该洁净，不唐突，不拥挤。界面不应该为用户制造障碍。所需功能或者期待的响应要明显，并在预期出现的地方。界面组织和布局合理，并允许用户轻松地从一个功能转到另一个功能。任何时刻都可以决定放弃或者退回及退出。没有多余的功能。

2．一致性

界面一直面向同一级别用户。快速键和菜单选项应该符合常规的习惯，如在 Windows 中按 F1 键总是得到帮助信息、术语和命令。整个软件使用同样的术语，特性命名保持一致。如 Find 一直叫 Find，而不是有时叫 Search。

3．灵活性

同一任务有多种选择方式。状态终止和跳过，具有容错处理能力。提供多种方法输入数据和查看结果。例如，在写字板插入文字可用键盘输入、粘贴、从 6 种文件格式读入、作为对象插入或者用鼠标从其他程序拖动等。

4．舒适性

整体外观和感觉与所做的工作和使用者相符。在用户执行严重错误的操作之前提出警告并允许用户恢复由于错误操作丢失的数据。

5．实用性

用户很容易清楚它在做什么，用户的任何操作，它都有反应。

在测试中可以结合兼容性测试考察不同分辨率下的页面显示效果，如果有影响应该交给设计人员提出解决方案，也可以结合数据定义文档查看表单项的内容、长度等信息。对于动态生成的页面最好也能进行浏览查看。对于程序代码，如 Servelet 部分可以结合编码规范，进行代码走查。

应该从以下几个方面对整体界面进行测试。

（1）页面在窗口中的显示

页面在窗口中的显示是否正确、美观（在调整浏览器窗口大小时，屏幕刷新是否正确），表单样式、大小、格式，是否对提交数据进行验证（如果在页面部分进行验证的话）等。

（2）链接

链接的形式、位置、是否易于理解等。

（3）Web 测试的主要页面元素

① 页面元素的容错性列表（如输入框、时间列表或日历）。

② 页面元素清单（为实现功能是否将所需要的元素都列出来了，如按钮、单选框、复选框、列表框、超链接、输入框等）。

③ 页面元素的容错性是否存在。

④ 页面元素的容错性是否正确。

⑤ 页面元素的基本功能是否实现（如文字特效、动画特效、按钮、超链接）。

⑥ 页面元素的外形、摆放位置（如按钮、列表框、输入框、超链接等）。

⑦ 页面元素是否显示正确（主要针对文字、图形、签章）。

⑧ 元素是否显示（元素是否存在）。

对整个界面的测试应遵循由简入繁的原则，先进行单个控件功能的测试，确保实现无误后，再进行多个控件的功能组合的测试。

对整体界面的测试过程，其实是一个对最终用户进行调查的过程。一般 Web 应用系统采取在主页上做调查问卷的形式来得到最终用户的反馈信息。

对所有的用户界面测试来说，主要是手动测试，不可忽略的一点就是需要有外部人员（与 Web 应用系统开发没有联系或联系很少的人员）参与，最好是最终用户的参与。

5.2.7 Cookies 测试

Cookies 是一个由网页服务器放在客户端硬盘上的非常小的文本文件，Cookies 通常用来存储用户信息和用户在应用系统的操作。当一个用户使用 Cookies 访问了某一个应用系统时，Web 服务器将发送关于用户的信息，并把该信息以 Cookies 的形式存储在客户端计算机上。Cookies 可用来创建动态和自定义页面或者存储登录等信息，它本质上就像身份证明一样，不过不像代码那样能被执行或被用来散布病毒，它只能被使用且只能由提供的服务器读取。

测试内容：

① Cookies 是否能正常工作；

② Cookies 是否按预定的时间进行保存；

③ 刷新对 Cookies 有什么影响。

5.2.8 应用程序特定的功能测试

测试人员需要对应用程序特定的功能需求进行测试，尝试用户可能进行的所有操作。例如，下订单、更改订单、取消订单、核对订单状态、在货物发送之前更改送货信息、在线支付等。一定要确认网站能像宣传的那样有效。

5.3 性能测试

性能是系统完成规定功能时的表现。它是特定功能占用的时间和资源，也可以是功能的开销或者是同步运行功能的数目，等等。Web 性能测试就是模拟大量用户操作给网站造成压力，并评测 Web 系统在不同负载和不同配置下能否达到已经定义的标准。性能测试更加关注分析和消除与软件结构中相关联的性能瓶颈。

5.3.1 性能测试常用术语

1. 并发用户

严格定义：所有用户在同一时刻做同一件事情或操作，这种操作指做同一类的业务。

广义定义：所有用户对系统发出了请求或者进行了操作，但是这些请求或者操作可以是相同的，也可以是不同的。

2. 并发数

并发数是指同时进行请求的客户的数量，并发数用于反映用户的真实负载情况（并发情况是对系统最大的考验），并发数≠同时使用系统的用户数。

3. 请求响应时间

请求响应时间指的是客户端发出请求到得到响应的整个时间。

4. 事务响应时间

事务可能由一系列请求组成，事务响应时间就是这一系列请求得到响应的时间。

5. 吞吐量

吞吐量指的是单位时间内处理的客户端请求数量。通常情况下，吞吐量用请求“数/秒”或者“页面数/秒”来衡量。从业务角度看，吞吐量也可以用访问“人数/天”，或者“页面访问量/天”来衡量。

6. 吞吐率

吞吐率是指单位时间内网络上传输的数据量。

7．传输率

传输率是指每秒系统能够处理的交易或者事务的数量。

8．单击率

单击率是指每秒用户向 Web 服务器或 HTTP 发出的请求数。

9．资源利用率

资源利用率指的是对不同系统资源的使用程度，如服务器的 CPU，内存、网络带宽等。资源利用率通常以占用最大值的百分比 n %来衡量。

10．事务

在 Web 性能测试中，一个事务表示一个“用户—Web Server—数据库—Web Server—用户”的过程，一般的响应时间都是针对事务而言的。

11．响应时间

响应时间指的是从客户端发起一个请求开始，到客户端接收到从服务器端返回的响应结束，这个过程所耗费的时间。在某些工具中，响应时间通常会称为“TTLB”，即“time to last byte”，意思是从发起一个请求开始，到客户端收到最后一个字节的响应所耗费的时间。响应时间的单位一般为“秒”或者“毫秒”。

响应时间= 网络响应时间 + 应用程序响应时间

一般来说，一个 Web 请求的处理包括以下步骤：

① 客户发送请求；

② Web 服务器接收到请求进行处理；

③ Web 服务器从数据库获取数据；

④ Web 服务器生成用户请求的页面，返回给用户。

其中，第三步不包括在每次请求处理中。

5.3.2 Web 性能测试的目标和种类

1. Web 性能测试的目标

性能是每个软件系统必须考虑的指标，在性能测试中通常应该注意以下几方面数据：负载数据、数据流量、软件本身消耗资源情况、系统使用情况等。由于性能测试的特殊性，一般情况下都是利用特殊的测试工具（如 LoadRunner，TestManager，ACT 等）模拟多用户操作，对需要评测的系统造成压力，找出系统的瓶颈，并提交给开发人员修正。所以，性能测试的目的是找出系统性能瓶颈并纠正存在的问题。

性能测试是一种信息的收集和分析过程，它考察在不同的用户负载下，系统对用户请求作出的响应情况，以确保将来系统运行的安全性、可靠性和执行效率。

性能测试可以看作一种“黑盒测试”，测试的主要目标表现在六个方面：

① 在系统可以接受的性能水平下，系统可以支持的最大的并发用户数目；

② 在系统崩溃前的临界情况下，系统可以支持的并发用户数目；

③ 应用体系中的瓶颈位置；

④ 软、硬件配置的更改对系统整体性能带来的影响；

⑤ 系统的可伸缩性；

⑥ 系统在不同用户负载下各种资源的利用情况。

2. Web 性能测试的种类

Web 性能测试有以下几种。

（1）压力测试

压力测试是在非常规条件下运行手动或自动测试软件，是在计算机数量较少或系统资源匮乏的条件下运行测试。通常要进行软件压力测试的资源包括内存、CPU、磁盘空间和网络带宽。

（2）负载测试

在被测系统上不断增加压力，直到性能指标达到极限，响应时间超过预定指标或者某种资源已经达到饱和状态。这种测试可以找到系统的处理极限，为系统调优提供依据。

（3）大数据量测试

大数据量测试是指针对某些系统存储、传输、统计查询等业务进行大数据量的测试。它主要分为三种测试。第一种是针对某些系统存储，传输，统计查询等业务进行大数据量时的性能测试，主要针对某些特殊的核心业务或者日常比较常用的组合业务的测试；第二种是极限状态下的数据测试，主要是指系统数据量达到一定程度时，通过性能测试来评估系统的响应情况，测试的对象也是某些核心业务或者常用的组合业务；第三种大数据量测试结合了前面两种的测试，两种测试同时运行产生较大数据量的系统性能测试；

（4）用户并发测试

用户并发测试是核心业务模块的重点测试内容，并发的主要内容是指模拟一定数量的用户同时使用某一核心的相同或者不同的功能，并且持续一段时间。对相同的功能进行并发测试分为两种类型，一类是在同一时刻进行完全一样的操作，另外一类是在同一时刻使用完全一样的功能。

5.3.3　性能测试步骤

对于一个开发中的 Web 系统进行性能测试，就要根据开发目标和用户需求在体系结构的迭代过程中，不断调整测试目标，对系统性能有一个很好的评估。为了保证性能测试有序地进行，在测试前应该有一个计划。图 5-1 列出了性能测试的一般步骤。

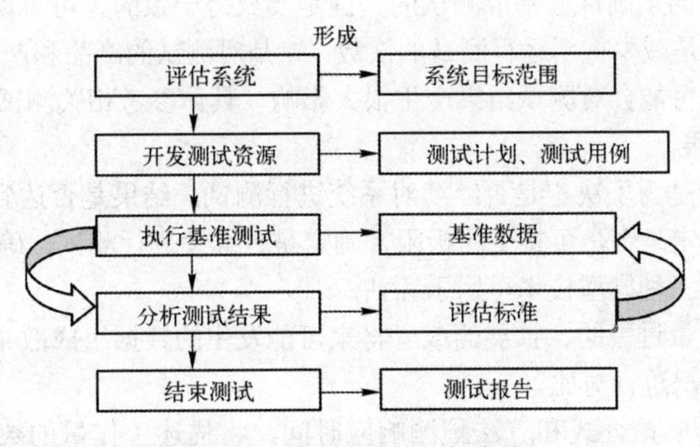

图 5-1　性能测试的一般步骤

1．评估系统

在这个阶段，主要是明确确定系统期望目标，包括：确定系统功能、确定用户活动、确定系统架构、确定可接受的极限、验证可接受的极限、确定系统风险等。具体体现在以下几个方面。

① 系统组成。系统组成包含几方面含义：系统类别、系统构成、系统功能等。了解这些内容的本质其实是帮助明确测试范围，选择适当的测试方法。

② 系统类别。分清系统类别是测试人员掌握技术的前提，掌握相应技术做性能测试才可能成功。例如，系统类别是 B/S 结构（浏览器-服务器结构），需要掌握 HTTP 协议、Java、HTML 等技术；若是 C/S 结构（客户-服务器结构），要了解操作系统、COM 组件等。

③ 系统构成。硬件设置、操作系统设置是性能测试的制约条件，一般性能测试都是利用测试工具模仿大量的实际用户操作。系统构成不同，性能测试就会得到不同的结果。

④ 系统功能。系统功能指系统提供的不同子系统如办公管理系统中的公文子系统、会议子系统等，系统功能是性能测试中要模拟的环节，了解这些是非常必要的。

2．开发测试资源

进行性能测试资源的开发，要覆盖三种活动：开发计划降低风险，开发测试策略，开发自动化脚本。例如：

- 制定规范；
- 制定相关流程、角色、职责；
- 制定改进策略；
- 制定结果对比标准；
- 学习相关技术和工具。

性能测试是通过测试工具模拟大量用户操作，对系统增加负载，所以需要掌握一定的工具知识。性能测试工具一般通过 Winsock、HTTP 等协议记录用户操作，而协议选择是基于软件的系统架构实现的（Web 一般选择 HTTP 协议，C/S 结构选择 Winsock 协议），不同的性能测试工具，脚本语言也不同，如 Rational robot 中 vu 脚本用类 C 语言实现。

3．执行基准测试

利用基线对比测试结果，评估系统负载压力和测试结果的相关性能。主要通过压力场景验证自动化测试脚本的正确性。基准测试的关键是要获得一致的、可再现的结果。可再现的结果有两个好处：一是减少重新运行测试的次数；二是对测试的产品和产生的数字更为确信。使用的性能测试工具可能会对测试结果产生很大影响（具体参考相关测试工具使用说明）。

4．分析测试结果

对结果进行分析是为了决定是否继续对系统进行测试，结果是否达到了期望值。这个阶段包含评估结果，确定是否是可接受的极限，确定是否继续进行测试，确定需求调整。

通常性能测试有三种模型技术可用于评估。

线性投射：用大量过去的、扩展的或者将来可能发生的数据组成散布图，利用这个图表不断与系统的当前状况进行对比。

分析模型：用排队论公式和算法预测响应时间，将描述工作量的数据和系统本质关联起来。

模仿：模仿实际用户的使用方法测试系统。

5. 结束测试

实际工作中由于软件架构和其他资源限制，软件无法继续优化，此时应该结束此方面的测试，去测试其他方面，从而避免测试资源浪费。

5.4 负载测试

负载测试是一种性能测试，是指系统能否在超负荷环境中运行。例如，测试一个 Web 服务器在有 5000 个连接的情况下，是否还能正常响应客户端，是否还能正确提供服务。这样的测试是以程序正常运行为前提的。另外，负载测试还有一项比较重要的测试，即容量测试，也就是确定系统可处理的同时在线的最大用户数。如银行系统在每个月有海量数据的计算问题，这也是容量的问题。

5.4.1 负载测试概述

网络用户数量正以几何级数的速度增长，如何保证 Web 系统能够支持大的用户数量并同时保证最优的用户体验是当前网络服务所面临的一个复杂问题。通过 Web 来进行日常交易的业务，需要为客户提供尽可能好的使用体验，这样才能确保业务成功。然而，这些业务往往会因为其网站无法处理峰值时期的 Web 流量而失去许多客户。因此，拥有一个可扩展的架构是必需的。然而，一个良好的 Web 环境包含着一个非常复杂的多层次系统。如果要端到端地扩展这个基础架构，就必须管理每一层中每个组件的性能和容量。图 5-2 说明了这些组件的复杂性。

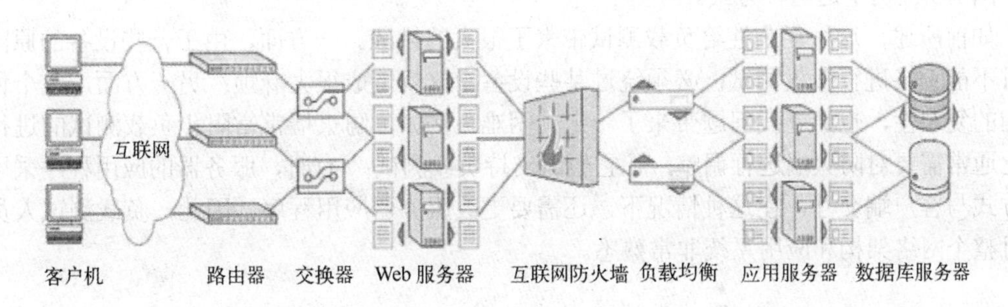

图 5-2 一个复杂的 Web 基础架构的示意图

这一复杂性引起了关于网站完整性和性能容量方面的许多问题。例如：

- 用户所经历的响应时间是否小于 2 秒；
- 该网站是否能支撑一定数量的用户；
- 当系统中的所有组件被连接到一起时，是否能协同共存；
- 应用服务器和数据库服务器间的信息传送速度是否足够快；
- 每一层上是否有足够的硬件来处理高访问量；
- 客户是否在广域网上获得了最优的质量体验。

为了适应网站的发展，Web 的开发人员往往会优化软件或在每个系统组件上增加硬件。然而，这种随意改进性能的方法并不理想，往往会导致无节制的硬件购买，成功也没有保障。

为了解决这些性能问题，必须实施一种方法，这种方法能在部署前预测到Web应用在运行环境中的行为。

在复杂的设计当中，需要对某些地方的性能、可伸缩性和可靠性方面予以关注。瓶颈是系统中阻碍正常通信量流量的元素。尽管良好的设计对于构建成功的 Web 应用程序而言至关重要，但是经验表明，大部分这类错误只能在系统处于较大负载的情况下才会被发现。这些是在为单个用户开发过程期间，通过测试系统无法发现的问题。尽早地实施负载测试计划有助于确保将开发时出现的意外情况降至最低限度。

负载测试的目标是确定并确保系统在超出最大预期工作量的情况下仍能正常运行。具体有以下三个目的：

① 找到在测试流程中前面阶段所进行的测试中没有被找出的缺陷，如内存管理缺陷、内存泄漏、缓冲器溢出等；

② 保证应用程序达到性能测试中确定的性能基线，这个可以在运行回归测试时，通过加载特定的最大限度的负载来实现；

③ 要评估性能特征，如响应时间、事务处理速率和其他与时间相关的方面。

5.4.2 负载测试的步骤

通常来说，负载测试可以采用手动和自动两种方式。手动测试会遇到很多问题，如无法模拟太多用户、测试者很难精确记录相应时间、连续测试和重复测试的工作量特别大等。因此，手动方式通常用于初级的负载测试。目前，绝大多数负载测试都是通过自动化工具完成的。图 5-3 说明了这两种方式。

如前所述，这种复杂性给负载测试带来了很大的挑战。一方面，由于一些设备的原因，有时不能直接进行负载测试，必须绕过某些设备，这就造成很大麻烦；另一方面，整个体系结构的复杂性，也给寻找问题带来了一定的困难。例如，防火墙常常阻止负载测试的进行，因此通常需要对防火墙进行调整，让它暂时支持负载测试； 有时，服务器的应用程序采用加密方式与客户端交互，在这种情况下，还需要更改服务器应用程序。因此，负载测试人员需要对整个网络架构和应用系统非常熟悉。

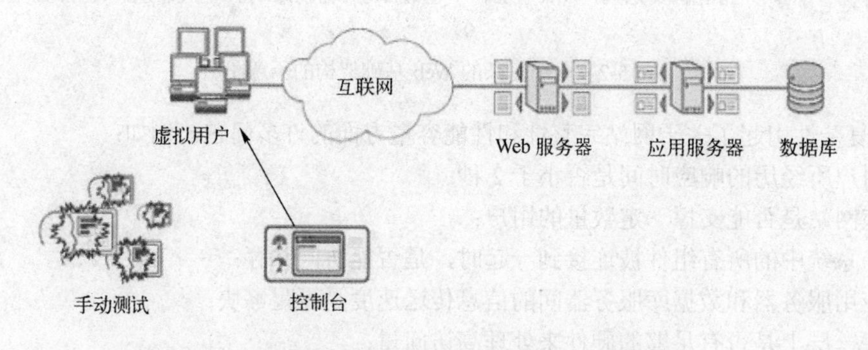

图 5-3 可控制上千个虚拟用户的控制台取代手动测试人员

另外，在负载测试中，非常重要的就是要有十分充足的数据来进行测试。从失败的案例中得知，假若不用非常大的数据去进行测试的话，有很多严重的缺陷是不会被发现的。显然，负载测试成功与否，在很大程度上取决于自动化工具。选择自动化工具时要从功能和性能两方面考虑。在功能方面，主要考虑它所支持的协议、分析方式、监视目标种类等，以及该工具能否精确记录、回放用户的访问情况。在性能方面，则主要考虑它模拟虚拟用户的能力，如在一定资源下可以模拟的用户的数量和速度。

由于负载测试具有不断反复的特性，必须识别性能问题，调整系统，重复测试，这样才能确保该调整所产生的影响是有利的，并且需要不断重复测试。

有了自动化测试工具后，重复测试就变得轻而易举，测量结果也能自动得到。与手动测试相比，这种方法所采用的自动测试工具能提供一个更具有成本效率的有效解决方案。并且，它还最小化了测试过程中产生人为错误的风险。

下面，以目前比较广泛使用的美科利 LoadRunner 测试工具为例，介绍使用测试工具进行自动化负载测试的主要步骤和流程。

LoadRunner 能预测系统行为和性能。通过模拟任意数量的用户（从一个到上万个），可以测试整个基础架构，识别并隔离问题。由于能够支持多种环境，它能测试整个基础架构和应用，其中包括电子商务、ERP（enterprise resource planning，企业资源计划）、CRM（customer relationship management，客户关系管理）和定制客户-服务器应用，帮助 IT（信息技术）和网络群组优化应用性能。而且应用部署完毕后，测试过程中创建的测试能被重新用来监控应用。

负载测试是一项非常复杂的工作，一次测试常常要持续几天甚至几周。因此，在进行一次负载测试前，必须做好充分的准备，可以按照以下几个步骤来进行。

1. 系统分析

分析被测系统需要满足什么要求，如支持多少人在线、支持连续多长时间的访问等。测试人员把用户的有效需求转化成负载测试目标，结合测试的实际环境和条件对系统进行全面分析和评估，以确保测试目标和测试计划的正确性。

第一，在执行任何测试前，必须确定所有主要性能目的和目标，例如，确定测试哪些流程/交易、测试中使用何种系统架构、并发连接的数量、预期每秒网络点击率等。然后，熟悉系统的软硬件和配置情况，主要包括以下几个方面。

① 确定系统的组成。

② 画出系统的组成图。组成图要包括系统中所有的组件，以及相互之间是如何通信的。多数构成为：客户机⟷网络⟷Web Server⟷DataBase Server。

③ 描述系统配置。画出系统组成图后，试着回答以下问题，使系统组成图不断完善。

- 预计有多少用户会连到系统；
- 客户机的配置情况（硬件、内存、操作系统、软件工具等）；
- 服务器使用什么类型的数据库及服务器的配置情况；
- 客户机和服务器之间如何通信；
- 还有什么组件会影响 Response Time 指标（比如 Modem 等）；
- 通信装置（网卡、路由器等）的吞吐量是多少，每个通信装置能够处理多少并发用户；
- 分析最普遍的使用方法。

第二，测试人员必须充分了解被测系统最常用的功能，确定哪些功能需要优先测试、什么角色使用被测系统及每个角色会有多少人、每个角色的地理分布情况等，从而预测负载最高峰出现的情况。

第三，测试人员必须判断运行虚拟用户可使用的资源有哪些。判断是否有足够数量的负载生成器或测试机器来运行适当数量的虚拟用户，还要判断测试工具是否具有多线程功能等。

第四，定义测试所需的输入数据。这些数据可以动态创建，也可利用随机浏览来获取。

2. 创建虚拟用户脚本

为了模拟多个用户访问服务器必须编写脚本。简单的脚本可以通过自动化工具提供的脚本编辑环境来编写。复杂的脚本则通常是通过记录单用户的活动生成最初的脚本，再在此基础上进行修改以保证该脚本可以支持多个用户。其中最主要的是修改数据池，因为不同用户通常使用不同数据，如用户名和密码等。因此，通常要将这些数据存储在数据库（或数据池）中，以便在执行中被脚本程序调用。

首先，要记录业务流程，创建测试脚本。脚本记录可由 LoadRunner 的虚拟用户产生器（virtual user generator，VUGen）完成。VUGen 是运行在客户桌面上的一个组件，它能捕获真实客户的应用和服务器之间的信息传送。通过发送各种电子商务协议请求，VUGen 能模拟真实浏览者的确切行为。VUGen 也能记录使用 Netscape 或 Internet Explorer浏览器的用户，或者任何能够指定代理服务器地址的规定用户。完成记录流程后，测试脚本也就产生了。

然后，在脚本中增加逻辑关系，使之变得更加符合现实。脚本中可加入智能，这样，它们在执行时就能模拟用户进行推理论证。在这个阶段，LoadRunner 使用了交易、检验和参数化这些特性。

交易是指一系列需要在一定负载条件下测试的操作。VUGen 允许插入内容检查（content check）复核点进行检验。通过对返回 HTML 网页的分析，检验应用功能。如果检验失败，LoadRunner 会记录错误并提示失败的原因（如连接断线、图片丢失、错误文本等）。参数化是为了精确模拟真实用户的行为。LoadRunner 的虚拟用户在负载测试中使用不同的数据，把脚本中的常量替代为变量或参数。虚拟用户可用从文本文件、随机数字、日期/时间等数据源取得的值来替代参数。

3. 定义用户行为

LoadRunner 提供综合运行时间设定值来配置那些模拟真实用户的脚本。运行时间设定值包括以下几个方面。

① 思考时间：控制虚拟用户操作系统的速度，其中包括测试期间的思考暂停时间。通过不同的用户思考时间能够模仿不同用户行为——从新手到熟练用户。

② 拨号速度：模拟用户使用调制解调器或 LAN/WAN连接到系统。调制解调器的速率从 14.4 kbps 到 56.6 kbps 不等。这有助于控制用户行为，精确模拟每个请求的响应时间。

③ 模拟高速缓存：模拟具有一定高速缓存用户的浏览，也可根据服务器要求关闭高速缓存。

④ 浏览器模拟：帮助确定虚拟用户所模拟的浏览器。LoadRunner 同时支持 Netscape、Internet Explorer 及任何定制浏览器。

⑤ 连接数量：像真实浏览器一样，可以让虚拟用户在下载网页内容时控制连接到服务器的数量。

⑥ IP 地址分配：在同一个物理机器上分配虚拟用户的 IP 地址，测试 IP 相关组件的性能影响。

⑦ 迭代测试：命令重复运行虚拟用户脚本，协调虚拟用户，通知间隔的等待时间。根据使用不同数据执行流程的次数，迭代测试定义了用户的工作量。

⑧ 错误处理：规定虚拟用户在执行脚本时的错误处理方法。当虚拟用户在重新执行过程中碰到错误时，LoadRunner 能激活 Continue on Error。

⑨ 日志文件：储存虚拟用户服务器传送信息。标准日志能显示所有交易、集结和输出信息。扩展日志记录也会跟踪警报和其他信息。

4．创建负载测试场景

有了脚本后，就可以通过一个场景来管理这些脚本的执行。场景是一个执行单位，可以通过场景来模拟一个工作负载。在场景中，将管理脚本的数量、执行次数、执行时间，甚至还可以加上一些定时器、同步点等控制机制。另外，可以将模拟用户分配到不同的计算机上。

负载测试场景包含运行脚本的虚拟用户群组信息和群组运行所在的负载生成器信息。为了成功运行场景，首先要根据一般用户交易来定义每个群组，然后定义并分配所有虚拟用户，最后决定虚拟用户运行在哪个负载生成器上。可使用 LoadRunner 的控制器来创建场景，作为一个控制中心，它提供了完整的测试和虚拟用户信息。控制器可实现以下操作：向各个群组分配脚本，定义运行测试所需的虚拟用户数量，定义运行虚拟用户的主机。

5．创建网络测试场景

网络测试就是要确定虚拟用户群组将被定位在服务器的哪个地方。网络场景定义了一定网络特性的变化，如带宽可用性、争夺点、等待时间、错误和抖动现象。这个测试所使用的虚拟用户数量将保持不变，只有网络特性会变化。

LoadRunner 能够进行 WAN（广域网）模拟，因此，前几步中使用到的虚拟用户脚本还可用于网络场景测试，为了运行在同一个测试中的并存虚拟用户群组，应改进诸如连接速度、等待时间和错误率等网络特性。然后，就能精确确定不同群组的响应时间所产生的网络影响及应用对网络的敏感性。可以记录预期响应时间数据和网络要求，应用部署完毕后，会用到这些信息。

6．运行负载测试方案，监控性能

设置好场景后，就可以运行了。通常，在运行场景的同时还要启动相关监控模块，监控服务器性能、网络状态、Web 服务器性能和数据库性能等。自动化工具同时记录了各种客户端信息，包括相应时间、交易成功率等。

脚本一旦创建完成，就可以运行测试了。实时监控可以让测试人员在测试运行的任何时刻了解应用性能。实时监控能在测试过程中更早地探测到性能瓶颈问题。LoadRunner 的控制器也有一套性能监控器，它们能在负载测试期间监控多层次系统中的每个组件。通过捕捉整个系统的性能数据，能把这一信息和最终用户负载及响应时间关联起来，从而找到瓶颈所在。性能监控是在非插入的方式下进行的，这样，对性能的影响就能降到最低。另外，所有监控器都独立于硬件和操作系统，所以，无须在远程监控服务器上安装代理。LoadRunner 能提供的在线监控方式包括：运行时间图表、交易图表、Web 服务器资源图表、系统资源图表、Web 应用服务器图表、数据库服务器资源图表。

7．分析测试结果

通常，在场景运行后，自动化工具会生成标准报告，可以通过这个报告来分析整个系统性能，找到系统瓶颈。这一步骤通常需要测试人员和开发人员共同完成。评估测试结果是负载测试流程中最重要的一步。到现在为止，在网络上进行多个流程时，已经能够精确记录和执行真实用户的行为。并且，性能监控还能在运行脚本时准确找到瓶颈问题。表 5-2 显示了精确性和可扩展性的内涵。

表 5-2 测试结果的精确性和可扩展性

精 确 性	可 扩 展 性
① 针对一个真实客户端应用的录制能力 ② 捕获客户端应用和系统其他部分之间的协议级交流 ③ 能够灵活定义用户行为配置（如考虑时间、连接速度、高速缓存区设定、重复） ④ 检测所有请求内容是否返回到浏览器，以确保交易成功 ⑤ 显示详细易懂的性能结果，并据此迅速分析出产生问题的根源 ⑥ 衡量端到端的响应时间 ⑦ 使用真实数据 ⑧ 同步虚拟用户来产生峰值负载 ⑨ 以最小的干扰来监控不同的系统层级	① 生成一台机器能支撑的最大虚拟用户数量 ② 产生 Web 服务器的最大每秒单击数 ③ 管理成千上万个虚拟用户 ④ 有控制地提高虚拟用户数量 ⑤ 在 WAN 上模拟扩展至远程区域的效果

5.5 压力测试

随着 Web 应用程序使用越来越广泛，针对其性能测试的要求也越来越多。由于 Web 程序混合了大量技术，如 HTML、Java、JavaScript、VBScript 等，同时它还依赖很多其他因素，如 Link、Database、Network 等，使得 Web 应用程序测试变得更加复杂。但是黑客常常提供错误的数据负载，以致 Web 应用系统崩溃，当系统重新启动时获得存取权。为此，在 Web 系统提交之前应该进行有针对性的压力测试。

5.5.1 压力测试概述

压力测试是一种性能测试的专门形式，它与其他工程领域的破坏性测试相似。压力测试是指通过对系统加载过度的资源或者使其缺少可以正常运作的资源，来使系统崩溃。压力测试测试系统的限制和故障恢复能力，也就是测试 Web 应用系统会不会崩溃，在什么情况下会崩溃。

压力测试的目的是使应用程序产生故障，通过增加处理负载使其性能降低，直到由于资源饱和或发生错误而使应用程序出现问题。压力测试有助于揭示细微的错误，这些错误本来要到部署应用程序时才会被发现。由于此类错误通常是因设计缺陷所致，压力测试应该早在开发阶段便在应用程序的每个区域上进行。在源头修复这些细微的错误，而不是忽视这些错误，直到它们可能在应用程序的其他位置表现出症状时才修复。

压力测试是在一种反常数量、频率或资源的方式下运行系统。例如：

- 当平均每秒出现 1 个或 2 个中断的情形下，应当对每秒出现 10 个中断的情形进行特殊测试；
- 把输入数据的量提高一个数量级来测试输入功能会如何响应；
- 应当执行需要最大的内存或其他资源的测试用例；
- 运行一个虚拟操作系统中可能会引起大量驻留磁盘数据的测试用例；
- 大量的并发用户数或者 HTTP 连接数；

- 随机关闭及重开连接到服务器上的集线器/路由器的端口；
- 把数据库断线然后再重启；
- 在 Web 服务器和数据库服务器上运行消耗资源（如 CPU、内存、磁盘、网络）的进程。

压力测试同时也是一种敏感测试。在有些情况（最常见的是在数学算法中）下，在有效数据界限之内的一个很小范围的数据可能会引起极端的甚至是错误的运行，或者引起性能的急剧下降，这种情形和数学函数中的奇点相类似。敏感测试就是要发现在有效数据输入里可能会引发不稳定或错误处理的数据组合。

压力测试可以让测试人员观察出现故障时系统的反应。例如：

- 系统是不是保存了出故障时的状态；
- 系统是不是突然间崩溃了；
- 系统是否只是挂在那儿啥也不做了；
- 系统失效的时候是不是有一些反应；
- 在重启之后，系统是否有能力恢复到前一个正常运行的状态；
- 系统会给用户显示出一些有用的错误信息，还是只是显示一些很难理解的十六进制代码；
- 系统的安全性是否会因一些不可预料的故障而有所降低。

5.5.2　压力测试的步骤

Web 压力测试是评价一个 Web 应用系统的重要手段，可以按以下步骤进行。

（1）充分熟悉待测系统

这是测试前的准备工作，在对任何项目开始测试之前，都应该对其有个全面的了解，如这个软件是干什么的，其功能和性能主要体现在哪几个方面，有什么特点，如何才能体现这些特点等。

（2）制订测试计划

测试计划就是定义一个测试项目的过程，以便能够正确地度量和控制测试。测试计划包括准备采用哪种测试工具，根据现有条件准备搭建的测试模拟环境，测试完成的标准（包括数据库的大小、并发用户的多少等），是否进行对比测试，测试方法与进度安排等。

（3）实施测试

按照测试计划，在各种条件下，运行事先设计的测试脚本，记录 Web 服务器及相关客户端的性能参数。在一定的范围内调整数据库的大小、并发访问的用户数、访问时间等测试条件，以获得所需要的数据。

（4）分析测试结果

测试会收集到大量数据，根据这些数据就可以分析 Web 应用程序的性能。对其性能的描述可以采用线图、条形图和报表等多种直观的形式。

具体而言，评价 Web 应用有以下几个指标。

① Number of hits：测试间隔内虚拟用户单击页面的总次数。

② Requests per second：每秒客户端的请求次数。

③ Threads：线程数，即虚拟用户并发量。

④ Socket Errors Connect：Socket 错误连接次数。

⑤ Socket Errors Send：Socket 错误发送次数。

⑥ TTFB Avg：从第一个请求发出到测试工具接收到服务器应答数据的第一个字节之间的平均时间。

⑦ TTLB Avg：从第一个请求发出到测试工具接收到服务器应答数据的最后一个字节之间的平均时间。

根据以上数据，可以从以下几个方面分析应用程序的性能，生成相应报表。

① Number of hits vs. Users：随着虚拟用户的增加，服务器在规定时间内所能处理的总点击数。

② Requests per second vs. Users：随着虚拟用户的增加，服务器在规定时间内所能处理的每秒请求数。

③ Errors vs. Time：随着模拟访问时间的延续，出现错误的数量。

④ Errors vs. Users：随着虚拟用户的增加，出现错误的数量。

⑤ Performance Distribution vs. Users：针对虚拟用户数的应用性能分布情况，包括服务器的内存、CPU 使用情况等。

⑥ Performance vs. Users：随着虚拟用户的变化，应用性能的变化等。

5.6 兼容性测试

软件兼容性测试（software compatibility testing）是指检查软件之间能否正确地进行交互和共享信息。随着用户对来自各个厂商的各种类型软件之间共享数据能力和充分利用空间同时执行多个程序能力的要求，测试软件之间能否协作变得越来越重要。软件兼容性测试工作的目标是保证软件按照用户期望的方式进行交互。

5.6.1 兼容性测试概述

软件的兼容性是衡量软件好坏的一个重要指标，兼容性是指与软件从某一环境转移到另一环境的能力有关的一组属性，它包括以下几个属性：

① 在软件设计时，要求有关的软件属性与何种其他平台和应用软件保持兼容，如果要测试的软件是一个平台，那么设计要求什么应用程序在其上运行；

② 使软件遵循与可移植性有关的标准或约定的属性，应该遵守何种定义软件之间交互的标准或者规范；

③ 软件使用何种数据与其他平台及软件交互和共享信息。

在具体测试中可以从以下几个方面来判断。

1．操作系统兼容性

软件可以运行在哪些操作系统平台上，理想的软件应该具有与平台无关性。有些软件在不同的操作系统平台上重新编译即可运行，有些软件需要重新开发或是改动较大，才能在不同的操作系统平台上运行，对于两层体系和多层体系结构的软件，还要考虑前端和后端操作系统的可选择性。

2．异构数据库兼容性

现在很多软件尤其是 MIS（管理信息系统）、ERP、CRM 等软件都需要数据库系统的支持，对这类软件要考虑其对不同数据库平台的支持能力，如从 Oracle 平台替换到 Sybase 平台，软件是否可直接挂接，或是否需要提供相关的转换工具。

3．新旧数据转换

软件是否提供新旧数据转换的功能。当软件升级后可能定义了新的数据格式或文件格式，涉及对原来格式的支持及更新，原来用户的记录要能继承，在新的格式下依然可用，这里还要考虑转换过程中数据的完整性与正确性。

4．异种数据兼容性

软件是否提供对其他常用数据格式的支持。如办公软件是否支持常用的 Word、WPS 等文件格式，支持的程度如何，即可否完全正确地读出这些格式的文件。

5．应用软件兼容性

主要考察两项内容：一是软件运行需要哪些其他应用软件的支持；二是判断与其他常用软件如 MS Office、反病毒软件一起使用，是否造成其他软件运行错误或软件本身不能正确实现功能。

6．硬件兼容性

硬件兼容性考察软件对运行的硬件环境有无特殊说明，如对计算机的型号、网卡的型号、声卡的型号、显卡的型号等有无特别声明，有些软件可能在不同的硬件环境中，出现不同的运行结果或是根本就不能执行。

对于不同类型的软件，在兼容性方面还有更多的评测指标，并且依据实际情况侧重点也有所不同。

兼容性测试的方法和内容基本上与在干净操作系统上的测试差不多，只是侧重有所不同，例如，要求测试的是一个中文处理软件，测试人员就应该考虑同 Office 或 WPS 的兼容性，不能因为装了被测软件后让用户常用的 Word 不能运行。还有就是考虑相互影响的部分，例如，被测软件是一个查毒软件，单独运行得很好，可是装上瑞星查毒软件后却老是提醒用户的病毒库含有病毒。又如，操作系统的兼容，被测软件是在 Windows 2000 下开发的，结果在 Windows 98 下不能运行，经检查发现，原来被测软件需要的一个文件在 Windows 98 默认安装下不存在等。

所以，总体说来兼容性测试首先确定环境（软硬件环境和同时安装的其他软件等），然后，根据选定环境制订测试方案，最后进行测试。

5.6.2　常用术语

1．术语

向后兼容（backward compatible）：是指可以使用软件的以前版本。

向前兼容（forward compatible）：是指可以使用软件的未来版本。

注意：并非所有软件或者文件都要求向前兼容或者向后兼容。这是软件设计者需要决定的产品特性，而软件测试员应该为检查软件向前或向后兼容性所需的测试提供相应的输入。

2．测试多个版本的影响

测试平台和软件应用程序多个版本之间能否正常工作可能是一个艰巨的任务，因此，在开始兼容性测试任务之前，需要对所有可能的软件组合等价划分，使其成为验证软件之间正确交互的最小有效集合。

由于不可能在一个操作系统上全部测试数千个软件程序，因此需要决定测试对象。决定的原则如下所述。

① 流行程度：应该选择目前比较流行的或是常用的软件。

② 年限：应选择近三年以内的程序和版本。

③ 类型：把软件分为绘图、文字输入、财务、数据库、通信等类型。

④ 生产厂商：根据制作软件的公司来选择软件。

5.6.3 标准和规范

1．研究可能适用于软件或者平台的现有标准和规范

① 高级标准：是产品普遍遵守的规则。

② 低级标准：是本质细节。

两者都很重要，都需要测试以保证兼容。

2．高级标准和规范

如 Microsoft Windows 认证徽标。

要求：软件必须通过由独立测试实验室执行的兼容性测试，其目的是确保软件在操作系统上能够稳定可靠地运行。认证徽标对软件有以下几点要求：

① 支持三键以上的鼠标；

② 支持在 C 盘和 D 盘以外的磁盘上安装；

③ 支持超过 DOS 8. 3 格式文件名长度的文件名；

④ 不读写或者以其他形式使用旧系统文件 win. ini、system. ini、autoexec. bat 和 config. sys。

3．低级标准和规范

通信协议、编程语言语法及程序用于共享信息的任何形式都必须符合公开的标准和规范。低级兼容性标准可以视为软件说明书的扩充部分。

5.6.4 数据共享兼容性

在应用程序之间共享数据实际上是增强软件的功能。编写得好的程序支持并遵守公开标准；允许用户与其他软件轻松传输数据，这样的软件可称为兼容性好的产品。

可以从下面 4 个方面测试数据兼容性。

① 文件保存和文件读取。

② 文件导出和文件导入是许多程序与自身以前版本、其他程序保持兼容的方式。为了测试文件的导入特性，需要以各种兼容文件格式创建测试文档——可能要利用实现该格式的原程序来创建。

③ 剪切、复制和粘贴是程序之间无须借助磁盘传输数据的最常见的数据共享方式。

④ DDE 和 OLE 是 Windows 系统中在两个程序之间传输数据的方式。DDE 表示动态数据交换，OLE 表示对象链接和嵌入。DDE 和 OLE 数据可以实时地在两个程序之间流动。

5.6.5 兼容性测试的过程

兼容性测试是一个复杂的过程，需要测试的系统可以在用户使用的计算机上运行。如果用户是全球范围的，则需要测试各种操作系统、浏览器、视频设置和 Modem 速度。最后，还要测试各种设置的组合。

1．操作系统

市场上有很多不同的操作系统类型，最常见的有 Windows、UNIX、Macintosh、Linux 等。Web 应用系统的最终用户究竟使用哪一种操作系统，取决于用户系统的配置。例如，站点上所需的有些字体在某个系统上可能不存在，因此需要确认选择了备用字体。这样，就可能会发生兼容性问题。又如，同一个应用在某些操作系统下可能会正常运行，但在另外的操作系统下可能会运行失败。如果用户使用两种操作系统，则需要确认站点未使用且只能在其中一种操作系统上运行的插件。因此，在 Web 系统发布之前，需要在各种操作系统下对 Web 系统进行兼容性测试。

2．浏览器

浏览器是 Web 客户端最核心的构件，来自不同厂商的浏览器对 Java、JavaScript、ActiveX、plug-ins 或不同的 HTML 规格有不同的支持。例如，ActiveX 是 Microsoft 的产品，是为 Internet Explorer 而设计的，JavaScript 是 Netscape 的产品，Java 是 Sun 的产品等。另外，框架和层次结构风格在不同的浏览器中也有不同的显示，甚至根本不显示。不同的浏览器对安全性和 Java 的设置也不一样。

不同浏览器、不同的上网方式、不同应用程序版本在实现功能时会有不同的表现。因此，要测试被测系统在浏览器软件和版本、浏览器插件、浏览器选项、视频分辨率、色深、文字大小、调制解调器速率、软件配置、禁用脚本程序等各种不同设置下的表现。

另外，有些 HTML 命令或脚本只能在某些特定的浏览器上运行。如果用户使用 SSL（secure sockets layer，安全套接字协议层）安全特性，则只需对 3.0 以上版本的浏览器进行验证，但是对于老版本的用户应该有相关的消息提示。

3．视频设置

需要测试被测系统的页面版式在 640×400、600×800 或 1024×768 的分辨率模式下是否显示正常，字体是否太小以至于无法浏览，或者是太大，文本和图片是否对齐。

4．Modem 连接速率

测试时需要注意是否有这种情况，即用户使用 28.8 kbps Modem 下载一个页面需要 10 分钟，但测试人员在测试的时候使用的是 T1 专线；用户在下载文章或演示的时候，可能会等待比较长的时间，但却不会耐心等待首页的出现。最后，需要确认图片不会太大。

5．打印机

用户可能会将网页打印下来，因此在设计网页的时候要考虑到打印问题。有不少用户喜欢阅读而不是盯着屏幕，因此需要验证网页打印是否正常。有时在屏幕上显示的图片和文本的对齐方式可能与打印出来的东西不一样。测试人员需要验证打印结果，确认页面打印是正常的。

6．组合测试

最后需要进行组合测试。因为可能存在这样一些问题：600×800 的分辨率在 MAC 机上可能不错，但是在 IBM 兼容机上却很难看；在 IBM 机器上使用 Netscape 浏览器能正常显示，但却无法使用 Lynx 浏览器来浏览。如果公司指定使用某个类型的浏览器，那么只需在该浏览器上进行测试。如果所有的人都使用 T1 专线，可能不需要测试下载（但需要注意的是，可能会有用户从家里拨号进入系统）。有些内部应用程序，开发部门可能在系统需求中声明不支持某些系统而只支持那些已设置的系统，此时，只要根据系统规格说明书进行测试即可。但是，理想的情况是，应用软件能在所有机器上运行，这样就不会限制将来的发展和变动。

5.7 安全测试

在 Internet 大众化及 Web 技术飞速演变的今天，在线安全所面临的挑战日益严峻。当用户打开 Web 系统后，写文章、看图片、访网页、发邮件……这一切操作，都可能被他人“窥视”。例如，一个有经验的计算机高手能够毫不费力地找到用户刚编辑过的报告、被用户删除的文件、用户过去曾经访问过的站点、用户去过的新闻组和聊天室、用户下载的文件及用户的 QQ 聊天记录，等等。总之，伴随着在线信息和服务可用性的提升，以及基于 Web 的攻击和破坏的增长，安全风险达到了前所未有的高度。由于众多安全工作集中在网络本身上面，Web 应用程序几乎被遗忘了。也许这是因为应用程序过去常常是在一台计算机上运行的独立程序，如果这台计算机安全的话，应用程序就是安全的。如今，情况大不一样了，Web 应用程序在多种不同的机器上运行：客户端、Web 服务器、数据库服务器和应用服务器。而且，因为它们一般可以让所有的人使用，所以这些应用程序成为众多攻击活动的后台旁路。为此，应该注重 Web 系统的安全测试。

由于 Web 服务器提供了几种不同的方式将请求转发给应用服务器，并将修改过的或新的网页发回给最终用户，这使得非法闯入网络变得更加容易。

而且，许多程序员不知道如何开发安全的应用程序。他们的经验也许是开发独立应用程序或 Intranet Web 应用程序，这些应用程序没有考虑到在安全缺陷被利用时可能会出现灾难性后果。

许多 Web 应用程序容易受到通过服务器、应用程序和内部已开发的代码进行的攻击。这些攻击行动直接通过了周边防火墙安全措施，因为端口 80 或 443（SSL，安全套接字协议层）必须开放，以便让应用程序正常运行。Web 应用程序攻击包括对应用程序本身的 DOS（拒绝服务）攻击、改变网页内容及盗走用户信息等。

总之，Web 应用攻击之所以与其他攻击不同，是因为它们很难被发现，而且可能来自任何在线用户，甚至是经过验证的用户。迄今为止，该方面尚未受到重视，因为企业用户主要使用防火墙和入侵检测解决方案来保护其网络的安全，而防火墙和入侵检测解决方案发现不了 Web 攻击行动。

5.7.1　Web 应用系统的安全性测试区域

现在的 Web 应用系统基本采用先注册、后登录的方式。因此，必须测试有效和无效的用户名和密码，要注意到大小写是否敏感，可以试多少次的限制，是否可以不登录而直接浏览某个页面等。

Web 应用系统是否有超时的限制，也就是说，用户登录后在一定时间内（如 15 分钟）没有单击任何页面，是否需要重新登录才能正常使用。

为了保证 Web 应用系统的安全性，日志文件是至关重要的。需要测试相关信息是否写进了日志文件，是否可追踪。

当使用了安全套接字时，还要测试加密是否正确，检查信息的完整性。

服务器端的脚本常常构成安全漏洞，这些漏洞又常常被黑客利用。所以，还要测试没有经过授权，就不能在服务器端放置和编辑脚本的问题。

5.7.2　常见的 Web 应用安全漏洞

下面将列出一系列通常会出现的安全漏洞，并且简单解释这些漏洞是如何产生的。

1．已知弱点和错误配置

已知弱点包括 Web 应用使用的操作系统和第三方应用程序中的所有程序错误或者可以被利用的漏洞。这个问题也涉及错误配置，包含有不安全的默认设置或管理员没有进行安全配置的应用程序。一个很好的例子就是 Web 服务器被配置成可以让任何用户从系统上的任何目录路径通过，这样可能会导致存储在 Web 服务器上的一些敏感信息，如口令、源代码或客户信息等的泄露。

2．隐藏字段

在许多应用中，隐藏的 HTML 格式字段被用来保存系统口令或商品价格。尽管其名称如此，但这些字段并不是很隐蔽的，任何在网页上执行“查看源代码”的人都能看见。许多 Web 应用允许恶意用户修改 HTML 源文件中的这些字段，为他们提供了以极小成本或无须成本购买商品的机会。这些攻击行动之所以成功，是因为大多数应用没有对返回网页进行验证，相反，它们认为输入数据和输出数据是一样的。

3．后门和调试漏洞

开发人员常常建立一些后门并依靠调试来排除应用程序的故障。在开发过程中这样做可以，但这些安全漏洞经常被留在一些 Internet 上的最终应用中。一些常见的后门使用户不用口令就可以登录或者访问允许直接进行应用配置的特殊 URL。

4．跨站点脚本编写

一般来说，跨站点编写脚本是将代码插入由另一个源发送的网页之中的过程。通过 HTML 格式，将信息贴到公告牌上就是跨站点脚本编写的一个很好范例。恶意的用户会在公告牌贴上包含有恶意的 JavaScript 代码的信息。当用户查看这个公告牌时，服务器就会发送 HTML 与这个恶意的用户代码一起显示。客户端的浏览器会执行该代码，因为它认为这是来自 Web 服务器的有效代码。

5. 参数篡改

参数篡改包括操纵 URL 字符串，以检索用户用其他方式得不到的信息。访问 Web 应用的后端数据库是通过包含在 URL 中的 SQL 调用来进行的。恶意的用户可以操纵 SQL 代码，以便将来有可能检索一份包含所有用户、口令、信用卡号的清单或者储存在数据库中的任何其他数据。

6. 更改 Cookie

更改 Cookie 指的是修改存储在 Cookie 中的数据。网站常常将一些包括用户 ID、口令、账号等的 Cookie 存储到用户系统上。通过改变这些值，恶意用户就可访问不属于他们的账户。攻击者也可以窃取用户的 Cookie 并访问用户的账户，而不必输入 ID 和口令或进行其他验证。

7. 输入信息控制

输入信息检查包括通过控制由 CGI 脚本处理的 HTML 格式中的输入信息来运行系统命令。例如，使用 CGI 脚本向另一个用户发送信息的形式可以为攻击者控制，来将服务器的口令文件邮寄给恶意用户或者删除系统上的所有文件。

8. 缓冲区溢出

缓冲区溢出是恶意的用户向服务器发送大量数据以使系统瘫痪的典型攻击手段。该系统包括存储这些数据的预置缓冲区。如果所收到的数据量大于缓冲区，则部分数据就会溢出到堆栈中。如果这些数据是代码，系统随后就会执行溢出到堆栈上的任何代码。Web 应用缓冲区溢出攻击的典型例子也涉及 HTML 文件。如果 HTML 文件上一个字段中的数据足够大，它就能创造一个缓冲器溢出条件。

9. 直接访问浏览

直接访问浏览是指直接访问应该需要验证的网页。没有正确配置的 Web 应用程序可以让恶意的用户直接访问包括有敏感信息的 URL 或者使提供收费网页的公司丧失收入。

5.7.3 安全测试过程

Web 应用攻击能够给企业的财产、资源和声誉造成重大破坏。虽然 Web 应用增加了企业受攻击的危险，但有许多方法可以帮助减轻这一危险。在通过一系列工具来测试系统安全性的同时，必须有一套处理过程来发现潜在的问题。下面详细介绍安全测试的过程。

1. 端口扫描

在客户端和服务器端进行一次端口扫描，找出那些打开但并不需要的通信端口。各种服务如 FTP、NetBIOS、echo、gotd 等使用的端口是引起安全问题的典型因素。对于 TCP 和 UDP 端口来说，通常的做法是：关掉任何程序运行所不需要的服务或监听器。

端口扫描被用来检测目标系统上哪些 TCP 和 UDP 端口正在监听，即等待连接。大多数计算机默认地打开了许多这样的端口，黑客和破解者经常花很多时间对其目标进行端口扫描来定位监听器，这是他们开始攻击的前奏。一旦这些端口被鉴别出来，要使用它们也就不困难了。端口扫描工具，通常叫端口扫描器，很容易在 Internet 上找到。其中很多是基于 Linux 的，如 Nmwp、Strobe、Netcat 是比较好的一类。也有许多基于 Windows 的端口扫描器，如 Ipswitch 的 WS Ping ProPack。WS Ping ProPack 是一个低开销、多用途的网络问题定位工具，它将许多功能包装成简单易用的形式。

利用端口扫描器对全部 TCP 和 UDP 端口进行一次完整的检查，以确定哪些端口是打开的。将监测到的打开的端口与系统运行所需要用到的端口进行比较，关闭所有没有用到的端口。在 Microsoft 系统中关闭端口经常需要重新配置操作系统的服务或者修改注册表设置。UNIX 和 Linux 系统就简单一些：通常只是将配置文件中的某一行命令注释掉。

2．检查用户账户

有些站点需要用户登录，以验证他们的身份。这样对用户是方便的，他们不需要每次都输入个人资料。因此，测试人员需要验证系统能阻止非法的用户名/口令登录，能通过有效登录，还要明确用户登录是否有次数限制，是否限制从某些 IP 地址登录。如果允许登录失败的次数为 3，那么，需要测试在第三次登录的时候输入正确的用户名和口令，能否通过验证。测试时还要注意：口令选择有规则限制吗，是否可以不登录而直接浏览某个页面，Web 应用系统是否有超时的限制，也就是说，用户登录后在一定时间内（如 15 分钟）没有单击任何页面，是否需要重新登录才能正常使用。

测试操作系统、数据库及程序自身，需特别注意 guest 用户账户、默认账户或者简单密码账户及不需要的用户 ID。这是因为大多数的默认设置留下了许多漏洞，创建了多余的账户，它们可能被用来危及系统的安全。这种情况在使用数据库系统如 Oracle 或 Web 服务器，如 IIS（Microsoft Internet Information Services，Internet 信息服务）时特别突出。例如，在测试一个简单的 Web 应用程序时，尝试用 guest 账户 ID 和空密码登录系统。有时很出乎意料，系统程序很爽快地将 guest 作为合法用户并允许登录。又如，输入的用户 ID 和密码均为空，或是均为管理员结果都是值得观察的。鉴于此，应该在软件安装手册的每一章寻找默认的账号和密码。建立一份这些默认账号和密码的列表，以确保能够把找到的都试试。

通过测试帮助发现危害系统的途径，禁用和删除不必要的账户是一种消除找到的缺陷的方法。对于通信端口也有一个相似的方法：禁用任何系统运行所不需要的用户 ID。如果某个用户 ID 不能被禁用，那么至少改变它的默认密码，使其不易被破解。

3．检查目录许可

Web 安全的第一步就是正确设置目录。每个目录下应该有 index.html 或 main.html 页面，这样就不会显示该目录下的所有内容。在关闭了无用端口并禁用了多余的账号后，仔细检查系统所用到的数据库和服务器目录的权限设置。很多攻击利用了配置失误的权限，这种方法经常被用来攻击 Web 服务器。例如，使用 CGI 脚本的 Web 站点有时允许写访问。通过它，一个恶意的供给者可以很简单地在 CGI 二进制目录下放置一个脚本文件，然后就能够调用这个脚本文件，Web 服务器会运行它。能够写并执行脚本是非常危险的，开放这些权限应该格外小心。

4．对数据库进行正确的设置

文件系统不是唯一因权限设置不当而会受到攻击的对象。大多数的数据库系统有很多安全漏洞。它们的默认权限设置通常不正确，如打开了不必要的端口、创建了很多演示用户。一个著名的例子是 Oracle 的演示用户 Scott，密码为 Tiger。加强数据库安全的措施与操作系统一样：关闭任何不需要的端口、删除或禁用多余的用户，并只给一个用户完成其任务所必需的权限。必须对数据库的设置进行检查，以确定这些设置是正确而必需的。

5．SSL 测试

很多站点使用 SSL 进行安全传送。如果应用系统中使用了 SSL，测试人员需要确定：

① 是否有相应的替代页面（适用于 3.0 以下版本的浏览器，这些浏览器不支持 SSL）；

② 当用户进入或离开安全站点的时候，是否有相应的确认提示信息；

③ 是否有连接时间限制，超过限制时间后出现什么情况。

6．测试日志文件

在进行后台测试时，要注意测试：

① 服务器日志工作是否正常；

② 日志是否记录了所有的事务处理；

③ 是否记录失败的注册企图；

④ 是否在每次事务完成的时候都进行保存；

⑤ 是否记录 IP 地址和用户名。

7．测试脚本语言

脚本语言是常见的安全隐患。每种语言的细节有所不同。有些脚本允许访问根目录，其他只允许访问邮件服务器，但是经验丰富的黑客可以将服务器用户名和口令发送给自己。因此，在测试时要找出站点使用了哪些脚本语言，并研究该语言的缺陷。同时，还要测试没有经过授权，就不能在服务器端放置和编辑脚本的问题。最好的办法是订阅一个讨论站点使用的脚本语言安全性的新闻组。

8．后门

能够建立一个直观的快捷方式吗？问题在于这些快捷方式——也被叫作后门，经常被忽略或遗忘，而有时它们又会不经意地连同应用程序一起被发布。任何严格的安全测试程序都应包括检查程序代码中不经意留下的后门。

为了寻找后门，测试时必须完整地检查源代码，查找基于非预期参数的条件跳转语句。例如，如果某个程序是通过双击图标而被调用的，要确保代码不会因为从命令行用特殊参数调用而跳转到某个管理或特权模式。

总之，同基础测试一样，安全测试必须系统地进行，以上过程为此提供了系统化的方法。在进行测试之前，测试人员可以系统地进行基础的安全测试以减少测试花费。只要能充分地理解所要测试的系统，就会帮助测试人员了解基础的安全知识。

5.7.4 安全测试应注意的问题

在进行系统安全测试时应该注意下列问题。

1．没有被验证的输入

在测试时应注重数据类型（字符串、整型、实数等）、允许的字符集、最小和最大的长度、是否允许空输入、参数是否是必需的、重复是否允许、数值范围、特定的值（枚举型）、特定的模式（正则表达式）等测试点。

2．有问题的访问控制

访问控制是系统安全的一个重要方面，在测试时注意测试验证用户身份及权限的页面。可以使用复制该页面的 URL 地址，然后关闭该页面，再查看是否可以通过这个复制的地址进入该页面的方法进行测试。

3．错误的认证和会话管理

① 账号列表。系统不应该允许用户浏览到网站所有的账号，如果必须要一个用户列表，应该使用某种形式的假名来指向实际的账号。

② 浏览器缓存。包含认证和会话数据的页面应该使用 POST 方式发送，而不是 GET 方式发送。

4．缓冲区溢出

用户使用缓冲区溢出来破坏Web应用程序的栈，通过发送特别编写的代码到Web程序中，攻击者可以让 Web 应用程序来执行任意代码。

5．不恰当的异常处理

程序在抛出异常的时候给出了比较详细的内部错误信息，暴露了不应该显示的执行细节，或是网站潜在的漏洞。

6．不安全的存储

存储了没有加密的关键数据。

7．拒绝服务

攻击者可以从一个主机产生足够多的流量来耗尽很多应用程序，最终使系统陷入瘫痪，拒绝向合法用户提供服务。

8．不安全的配置管理

Config 文件（配置文件）中的链接字符串及用户信息、邮件、数据存储信息都需要加以保护，程序员应该配置所有的安全机制，关掉所有不使用的服务，设置角色权限账号，使用日志和警报。

5.8　手机软件测试简介

随着手机技术和网络技术的飞速发展，手机已经由最早、最主要的功能——语音通话，发展成为拥有众多的令人眼花缭乱功能的“口袋中的计算机”。在人们的生活中，手机已经成为人们不可或缺的通信工具和交流工具。随着手机功能的不断强化和丰富，手机软件的复杂度也不断增加，其质量问题也越来越突出。解决手机软件质量问题的好方法，就是在手机软件的整个开发的过程中，通过有效的测试手段和方法，尽早地发现其中存在的错误，保证和提高手机软件质量。

5.8.1　手机软件的特点

由于手机软件使用平台的特殊性，因此，它除了具有一般软件的特点之外，还有自身的特点：

1．适配不同终端

一款手机软件的开发需要对不同机型、不同操作系统进行适配。目前，市场上的手机机型多种多样，主流机型也有近百种。多个操作系统并存，同一操作系统还有不同版本，这一切都提高了手机软件开发和测试的难度。

2．软件的运行环境约束比较严格

虽然现在的智能手机的硬件性能有了很大的提高，但是在 CPU、运行内存和存储空间上与 PC 机相比还是有较大距离。这就使得手机软件开发、运行受到了较大限制。

3．软件的更新速度比较快

手机已经深入人们生活中的各个方面，软件开发者为了适应人们生活的变化节奏，提高软件的生命力，加快了手机软件的更新速度。现在手机软件的更新周期为几天，大大超过了PC机的软件更新速度。

4．软件的安全性要求高

现在手机不仅提供通信的功能，还提供了学习、生活、娱乐、理财和付费等功能，手机用户不仅注意软件提供的功能，还更加关注软件的安全问题，希望使用的软件能使自己的学习、生活、工作变得更加便捷，同时更加希望软件安全，无病毒、无吸费。

5．直观性

软件功能特性易懂、清晰，用户界面布局合理，所有的操作响应均在用户的预期中。如果用户做了非法操作，软件给出清晰的提示信息，使用户立即明白问题所在，并能指导用户改正错误。

6．更加注重用户体验

用户体验是一种纯主观的，是用户在使用产品过程中建立起来的感受，是人们对于针对使用或者期望使用的产品、系统或者服务的认知印象与回应。近年来，智能手机更加强调用户体验的必要性，强调界面美观，色彩运用恰当，立体感的按钮及增加动感动画等，以期提高软件使用的舒适性。

7．实用性

手机不同于PC机，功能也没有PC机强大，在手机上实现的功能必须实用，不应复杂，同时保证在多种状态之间切换时操作简单，没有无用的功能。无用的功能只会增加程序的复杂度，产生不必要的软件缺陷。

5.8.2 手机软件测试的流程及内容

1. 手机软件测试的流程

软件测试是软件的开发过程的一项非常重要的工作，是保证软件质量的重要手段。一般的软件测试流程如下。

① 启动测试项目，根据测试要求制订好测试的详细计划和日程表；

② 测试计划制订完成之后，将测试所需要的人力、硬件、软件、文档等资源及环境充分地准备好，为测试工作奠定一个良好的基础。

③ 对需求进行分析，并根据需求制订测试方案，一般测试方案包括需求点简介，测试思路和详细测试方法三部分。《测试方案》编写完成进行测试用例和规程的设计。测试用例需要包括测试项，用例级别，预置条件，操作步骤和预期结果。其中操作步骤和预期结果需要编写详细和明确。测试用例应该覆盖测试方案，而测试方案又覆盖了测试需求点，这样才能保证所做的测试不遗漏，但也没有重复的、多余的测试。

④ 测试人员严格按照测试计划和测试日程表有条不紊开展测试工作，在测试过程中，做好测试记录。

⑤ 测试结束后，测试结果评估人员对测试结果进行评测、分析，并给出测试结论。

手机软件测试同 PC 软件测试一样，只不过它的运行平台是手机。在手机软件开发过程中需要进行必要的调试和单元测试之外，对手机软件产品而言主要是进行系统测试，主要的测试项目有：功能测试、功能冲突测试、稳定性测试、性能测试、安全测试、兼容性测试、

PUSH（推送）跳转测试等。

2. 手机软件测试的内容

（1）功能测试

根据需求规范分析各个功能项，测试每个功能项是否能够实现规定的功能。

（2）功能冲突测试

是指一项功能正在执行过程中，同时另外一个事件或操作对该过程进行干扰的测试。例如在使用通话过程中接收到微信，或是微信在运行过程中插拔充电器等。执行干扰的冲突事件不能导致被软件异常、手机死机或花屏等严重问题。另外，还需要注意测试各事件的优先级别，检验系统是否能依据各事件的优先级别依次进行处理，不能因执行优先级别高的事件而导致优先级较低的事件死锁。另外有中英文模式切换的手机还要注意测试中英文两种模式相互切换后是否存在问题。

（3）稳定性测试

系统的稳定是实现系统功能的基础，没有系统的稳定也就无从谈起系统功能的实现。稳定性测试就是检验软件能否保证稳定运行一定的时间，而且在软件的运行状态发生切换后继续保持当前的状态，不出现闪退。

（4）性能测试

性能是软件实现其功能时的表现，对它的测试包括 API 的响应时间和响应报文大小后台服务的性能和软件运行时占用 CPU、内存、I/O、电量的情况，以及页面到页面之间的切换速度，有的软件还要测试其运行时是否能保证在一定的帧率之上。

（5）安全测试

测试软件中的机密数据连接是否进行了加密，本地数据库是否做了加密处理，能否被其他恶意软件用读取；敏感数据存储安全吗？另外，还要测试该软件的使用是否会产生新的漏洞，是否会造成后台服务的接口的不安全。

（6）兼容性测试

由于手机软件的特点，需要针对不同品牌、款型的手机、不同的网络不同的操作系统和不同容量大小的 SIM 卡之间的互相兼容进行测试。

（7）PUSH（推送）跳转测试

现今的手机还存在通过推送服务来让用户到达特定页面的特征。这样需要对 PUSH 服务能否到达特定页面并正确展示特定页面做测试。

5.8.3 手机软件测试用例的设计

测试用例是对需求的另一种描述，它能引导开发者进一步加深对系统的理解和对特性的全面关注。由于手机软件自身的特点，决定了手机软件测试与 PC 机软件测试的不同。因此，在进行手机软件测试用例设计时除了要遵循 3.4.2 节所述的基本准则外，应该考虑如下几方面。

（1）实效性

软件测试就是如何在较短的时间内完成测试，发现软件系统的缺陷，保证软件的质量。从理论上讲，测试是不能穷尽的，软件测试就是将那些出现概率较大缺陷找出来；另外，测试用例是测试人员测试过程中的重要参考依据。不同的测试人员依据相同的测试用例所得到的输出应该是一致的。

（2）较高的可复用性

当软件中某一项功能更新或新增一个功能时，必须测试它对被测试软件或被测试软件部分的影响。由于手机软件更新速度快，因此在进行测试用例设计时必须考虑测试用例的可复用性。具有良好可复用性的测试用例可以使测试过程事半功倍，设计良好的测试用例将大大节约时间，提高测试效率。

（3）分解与组织

在测试过程中，如果将整个软件当作测试对象，那么这个对象对于任何测试者来说，都是庞大的，因此必须进行合理的功能分类和分解。即掌握好测试模块分类的粒度，而测试模块分类粒度取决于测试目标。例如，要对整个微信软件进行质量评估，则要划分测试粒度为各个独立的功能；如果测试对象只是单一功能模块，则可将其中的某个功能划分为一个测试模块。例如，测试对象为微信中的“添加朋友”功能，可将某中的“雷达加朋友”“面对面建群”“扫一扫”“手机联系人”和“公众号”分别划分为测试模块。

在针对各个分类功能的独立测试和组合测试时，可能需要创建和使用大量的测试用例，只有通过正确的测试计划去组织这些测试用例并提供给测试人员有效的使用，才能完成整个测试工作，这也可能是一条很好的捷径。

（4）测试成本与质量、效率之间的平衡

目前，手机软件产品层出不穷，更新速度快，生产周期短，如何达到测试成本与质量、效率之间的平衡是确定测试用例具体内容和形式必须考虑的因素。因此，一个好的测试用例应该符合测试者的现状和被测试对象的特点，以适度的测试、较低的成本获得较高的质量和效率。

手机软件测试的方法与 PC 机软件测试方法一样，也是采用黑盒测试和白盒测试这两种方法。因此，它的测试用例的设计也要按照黑盒测试和白盒测试对测试用例的要求进行设计，并遵循以黑盒测试为主，白盒测试为辅的测试原则。

例 5-1 用等价类法测试微信发送语音时长。

① 划分等价类并编号，等价类划分的结果见表 5-3。

表 5-3 等价类划分的结果

输入等价类	有效等价类	无效等价类
语音时长	①1～60 秒	②小于 1 秒 ③大于 60 秒

② 设计测试用例，以便覆盖所有的有效等价类，设计结果如下：编号①。

测试数据	期望结果	覆盖的有效等价类
在微信中发送语音 10 秒	显示发送成功	①

③ 为每一个无效等价类设计一个测试用例，设计结果如下：

测试数据	期望结果	覆盖的有效等价类
在信中发送语音小于 1 秒	不发送	②
在微信中发送语音 70 秒	显示发送 60 秒语音	③

例 5-2 测试一对一发送短信功能，见表 5-4。

表 5-4　测试一对一发送短信功能

用例编号	被测试功能	操　作	期望结果
S01	启动短信功能	①直接启动；②在通信录中启动	启动成功
S02	编辑短信方式	①手写方式编辑；②输入法方式编辑	编辑功能
S03	发送短信	发送非空短信但小于最大长度短信	发送成功
S04	短信长度	编辑并发送一封空短信	不能发送
S05	短信长度	编辑超过最大长度短信	只发送最大长度内容
S06	收信人	收信人号码正确	发送成功
S07	收信人	无收信人号码	不能发送
S08	收信人	收信人号码不完整	不能发送
S09	收信人	收信人号码不正确	不能发送

例 5-3　进行功能冲突测试，见表 5-5。

表 5-5　功能冲突测试

用例编号	被测试功能及操作	期望结果
C01	打电话时接收短信息	不影响打电话
C02	看短信内容时候进来一个电话	转入接听电话
C03	听音乐时候浏览新短信	浏览新短信不影响听音乐
C04	听音乐时候进来一个电话	转入接听电话
C05	上网浏览时进来一个电话	转入接听电话
C06	接电话时候闹钟报警	不影响接电话
C07	听音乐时进来一个电话	音乐暂停，转入接听电话

习题

1．常用 Web 测试中需要考虑哪些方面？
2．什么是 Cookies？如何进行 Cookies 测试？
3．Web 性能测试的目标是什么？
4．什么是负载测试？其测试步骤有哪些？
5．什么是软件的兼容性？ 它有哪些属性？
6．常见的 Web 应用安全漏洞有哪些？
7．简述安全测试的处理过程。
8．简述 Web 安全性测试应该注意的问题。
9．手机软件有哪些特点？
10．手机软件测试的内容有哪些？

第 6 章　软件测试的组织与管理

随着软件开发规模的增大、复杂程度的增加，以寻找软件中的错误为目的的测试工作就显得更加困难。然而，为了尽可能多地找出程序中的错误，生产出高质量的软件产品，加强对测试工作的组织和管理就显得尤为重要。

6.1　软件测试计划

软件测试是有计划、有组织和有系统的软件质量保证活动，而不是随意的、松散的、杂乱的实施过程。为了规范软件测试内容、方法和过程，在对软件进行测试之前，必须制订测试计划。专业的测试必须以一个好的测试计划为基础。尽管测试的每一个步骤都是独立的，但是必须要有一个起到框架作用的测试计划。测试计划是测试的起始步骤和重要环节。IEEE 在《软件测试文档标准》（standard for software test documentation）（829－1998）中将测试计划定义为："描述预期测试活动的范围、方法、资源和进度的文档，它标识测试项目、要测试的功能、测试任务、谁将完成每个任务，以及任何需要应急计划的风险。"

测试计划的目的是明确测试活动的意图。尽早地制订测试计划文档是一项非常关键的任务。软件测试计划是指导测试过程的纲领性文件，它包含了测试需求、测试策略、测试内容、测试配置、测试资源、风险分析等内容。借助软件测试计划，参与测试的项目成员，尤其是测试管理人员，可以明确测试任务和测试方法，保持测试实施过程的顺畅沟通，跟踪和控制测试进度，应对测试过程中的各种变更。因此，一份好的测试计划需要综合考虑各种影响软件测试的因素。

6.1.1　确定测试需求

测试需求所确定的是测试内容，即所有要测试的功能项。在分析测试需求时，要明确测试需求是可观测、可测评的行为。如果不能观测或测评，就无法对其进行评估，无法确定需求是否已经得到满足。

测试需求可能有许多来源，包括用例、用例模型、补充规约、设计需求、业务用例、与最终用户的访谈和软件构架文档等。应该对所有来源进行检查，以收集可用于确定测试需求的信息。一般做如下分类。

1．功能性测试需求

正如其名称所示，功能性测试需求来自于测试对象的功能性行为说明。每个用例至少会派生一个测试需求。对于每个用例事件流，测试需求的详细列表至少会包括一个测试需求。

2．性能测试需求

性能测试需求来自于测试对象的指定性能行为。性能通常被描述为对响应时间或资源使用率的某种评测。需要在各种条件下对性能进行评测，这些条件包括：

① 不同的工作量和系统条件；

② 不同的用例；

③ 不同的配置。

性能需求一般在补充规约中说明。在检查这些材料时，对包括以下内容的语句要特别注意：

① 时间语句，如响应时间或定时情况；

② 指出在规定时间内必须出现的事件数或用例数的语句；

③ 将某一项性能的行为与另一项性能的行为进行比较的语句；

④ 将某一配置下的应用程序行为与另一配置下的应用程序行为进行比较的语句；

⑤ 一段时间内的操作可靠性配置或约束。

应该为规约中反映以上信息的每个语句生成至少一个测试需求。

3．可靠性测试需求

可靠性测试需求有若干个来源，它们通常在补充规约、用户界面指南、设计指南和编程指南中进行说明。检查这些工件，对包括以下内容的语句要特别注意：

① 有关可靠性或对故障、运行时错误（如内存减少）的抵抗力的语句；

② 说明代码完整性和结构（与语言和语法相一致）的语句；

③ 有关资源使用的语句。

应该为模块中反映以上信息的每个语句生成至少一个测试需求。

6.1.2　评估风险和确定测试优先级

成功的测试需要在测试工作中成功地权衡资源约束和风险等因素。为此，应该确定测试工作的优先级，以便首先测试最重要、最有意义或风险最高的用例。为了确定测试工作的优先级，需执行风险评估和实施概要，并将其作为确定测试优先级的基础。之所以要执行这一步骤，是为了以下几个目的：

- 确保将测试工作的重点放在最适当的测试需求上；
- 确保尽早地处理最关键、最有意义或风险最高的测试需求；
- 确保在测试中考虑到了任意依赖关系（序列、数据等）。

要评估风险并确定测试优先级，可执行以下三个步骤。

1．评估风险

为了确定测试优先级，首先要评估风险。有些用例会因为故障而导致很大的风险，或者可能会发生故障。对于这些用例应该首先进行测试，并在开始时确定并说明将要使用的风险程度指标，一般按以下方法划分风险程度。

H：高风险，无法忍受。极易遭受外部的风险。将遭受巨大的经济损失、债务或不可恢复的名誉损失。

M：中等风险，可以忍受，但是不希望其出现。遭受外部风险的可能性很小，可能会遭受经济损失，但只存在有限的债务或名誉损失。

L：低风险，可以忍受。根本不会或不太可能遭受外部的风险，只有少许经济损失或债务或根本没有损失。名誉也不会受到影响。

在确定风险程度时，一般是选择一个方面，确定风险程度指标并说明所做选择的原因。但不必为风险的每个方面都确定一个指标。如果确定了一个低风险指标，最好再从另一个方面来评估该风险，以确保它的确是低风险。

在确定风险程度指标之后，列出测试对象中的每个用例。为列表中的每一个用例确定一个风险程度指标，并简要说明选择相应值的原因，并从以下 3 个方面来评估风险。

① 影响：指定用例（需求等）失效后将造成的影响或后果。

② 原因：用例失效所导致的非预期结果。

③ 可能性：用例失效的可能性。

2．确定实施概要

评估风险和确定测试优先级的下一个步骤是确定测试对象的实施概要。在开始时可确定和说明将要使用的实施概要程度指标。可以按下列指标划分实施概要程度。

① H：使用得相当频繁，在每个时期会使用很多次，或者由多个用例使用。

② M：使用得比较频繁，在每个时期会使用若干次，或者由若干个用例使用。

③ L：很少使用，或者由很少的几个用例使用。

所选择的实施概要指标应该基于用例或构件的执行频率，其中包括在给定时间内执行用例的次数和执行用例的数量。通常，用例的使用次数越多，实施概要指标也就越高。

在确定实施概要程度指标之后，列出测试对象中的每个用例，为列出的每一项确定一个实施概要指标并且说明每个指标值的理由。

例 6-1 从以下四个项目说明如何确定实施概要：

① 安装新软件；

② 对联机目录项进行排序；

③ 在发出订单后，客户联机查询他们的订单；

④ 商品选择对话框。

解：根据题意要求，确定的实施概要情况如表 6-1 所示。

表 6-1 项目实施概要情况表

说 明	实施概要因子	理 由
安装新软件	H	（通常）只执行一次，但是由许多用户执行。然而，不进行安装，应用程序就无法使用
对目录项进行排序	H	这是用户执行得最多的用例
客户查询订单	L	很少有客户在发出订单后查询他们的订单
商品选择对话框	H	客户使用此对话框来发出订单，而负责库存的职员则利用此对话框来补充库存

3．确定测试优先级

确定测试优先级时要先确定和说明将要使用的测试优先程度指标，测试优先级一般包括以下几种。

① H：必须测试。

② M：应该测试，只有在测试完所有 H 项后才进行测试。

③ L：可能会测试，但只有在测试完所有 H 和 M 项后才进行测试。

在确定要使用的测试优先程度指标之后，列出测试对象中的每个用例。然后，为列出的每一项确定一个测试优先级指标并且说明理由。下面为确定测试优先级指标提供了一些指南，当确定每一项的测试优先级指标时，应考虑下列各项：

① 风险程度指标值。

② 实施概要程度指标值。

③ 主角说明：主角是否有经验及他们是否能够接受变通的方法。

④ 合同责任：如果不交付用例或构件，测试对象能否被接受。

确定测试优先级的策略包括：

① 对于每一项，将最高的评估因素（风险、实施概要等）值作为总体优先级；

② 确定一个最有意义的评估因素（风险、实施概要及其他），然后将该因素的值作为优先级；

③ 使用评估因素的组合来确定优先级；

④ 采用权重方案，在该方案中，将确定每个因素的权重，然后根据权重来计算各因素的值和优先级。

例 6-2　从以下四个项目说明如何确定测试优先级。

① 安装新软件；

② 对联机目录项进行排序；

③ 在发出订单后，客户联机查询他们的订单；

④ 商品选择对话框。

解：

① 使用最高的评估值来确定优先级时，得到的优先级情况如表 6-2 所示。

表 6-2　项目风险、优先级情况表 1

测 试 项	风　险	实施概要	主　角	合　同	优先级
安装新软件	H	H	L	H	H
对目录项进行排序	H	H	H	H	H
客户查询	L	L	L	L	L
商品选择对话框	L	H	L	L	H

② 使用一个因素（风险）的最高评估值来确定优先级，得到的优先级情况如表 6-3 所示。

表 6-3　项目风险、优先级情况表 2

测 试 项	风　险	实施概要	主　角	合　同	优先级
安装新软件	H	H	L	H	H
对目录项进行排序	H	H	H	H	H
客户查询	L	L	L	L	L
商品选择对话框	L	H	L	L	L

③ 使用权重值来计算优先级，得到的优先级情况如表 6-4 所示。

表 6-4　项目风险、优先级情况表 3

测 试 项	风险(×3)	实施概要(×2)	主角(×1)	合同(×3)	权重值	优先级
安装新软件	5 (15)	5 (10)	1 (1)	5 (15)	41	H (2)
对目录项进行排序	5 (15)	5 (10)	5 (5)	5 (15)	45	H (1)
客户查询	1 (3)	1 (2)	1 (1)	1 (3)	9	L (4)
商品选择对话框	1 (3)	5 (10)	1 (1)	1 (3)	17	L (3)

说明：表中，H = 5，M = 3，L = 1，总权重值大于 30，则为高优先级的测试项；如果权重值在 20 和 30 之间，则为中优先级；当小于 20，则为低优先级。

6.1.3　测试策略

这是整个测试计划的重点所在，要描述如何公正客观地开展测试，要考虑：模块、功能、整体、系统、版本、压力、性能、配置和安装等各个因素的影响。要尽可能地考虑到细节，目的是向每一个人传达如何进行测试及采用何种评测标准来确定测试的完成和成功程度。策略不必十分详尽，但它应该指明如何进行测试。一个好的测试策略应该包括下列内容。

1．要实施的测试类型和测试目标

应清楚地说明所实施测试的类型和测试的目标，清楚地说明这些信息有助于尽量避免混淆和误解。这些信息包括以下几方面。

① 功能性测试。功能性测试侧重于从用户界面上执行在测试对象内实施的用例。

② 性能测试。系统的性能测试将侧重于系统功能执行的响应时间。对于这些测试，将使用一个主角的工作量来执行这些用例，而且不在测试系统上施加任何其他的工作量。

③ 配置测试。通过执行配置测试来确定和评估测试对象在三种不同配置下的行为，并根据设计的基准配置来比较性能特征。

2．测试阶段

应清楚地说明测试将在哪个阶段执行。表 6-5 列出了执行一般测试的阶段。

表 6-5　测试阶段执行表

测 试 类 型	单元	集成	系　统	验 收
功能性测试 ：配置、功能、安装、安全性、容量	X	X	X	X
性能测试 ：各个构件的性能曲线	X	X	(X) 可选，或者当系统性能测试发现缺陷时	
性能测试 ：工作量、强度和竞争			X	X
可靠性 ：完整性，结构	X	X	(X) 可选，或者当其他测试发现缺陷时	

3．技术

说明将如何实施和执行测试，其中包括测试内容、测试执行过程中执行的主要操作及用于评价结果的方法。

（1）功能性测试

对于每个用例事件流，将确定一组有代表性的事务，每个事务都代表了执行用例时主角所执行的操作。

将为每个事务开发最少两个测试用例：一个测试用例用于反映肯定条件而另一个则反映否定条件。

使用以下方法来核实和评估每个测试用例的执行情况：

① 测试脚本的执行；

② 窗口存在或对象数据核实方法将用于核实测试对象在测试执行过程中是否获取或显示了关键窗口的显示和指定数据；

③ 在测试前和测试后将对测试对象的数据库进行检查，以核实在测试过程中执行的更改是否在数据中得到了准确的反映。

（2）性能测试

对于每个用例，使用 VU 脚本和 GUI 脚本来实施和执行一组有代表性的事务。

测试脚本和测试执行时间表中将至少反映三种工作量。

- 强度工作量：800 个用户（15%的管理人员、50%的销售人员、35%的营销人员）。
- 最大工作量：400 个用户（10%的管理人员、60%的销售人员、30%的营销人员）。
- 额定工作量：200 个用户（2%的管理人员、75%的销售人员、23%的营销人员）。

用来执行每个事务的测试脚本将包括适当的计时器来获取响应时间。例如，总的事务时间及关键事务活动或进程的时间。

测试脚本执行这些工作量的持续时间将是一个小时。

对每个测试执行的核实和评估将包括：使用状态柱状图来监测测试执行情况，测试脚本的执行，使用性能百分位数与响应时间来获取和评估已确定的响应时间。

4．测试结束标准

（1）规定结束标准的目的

① 确定可接受的产品质量；

② 确定测试工作成功实施的时间。

（2）表述明确的结束标准

① 所测评的功能、行为或条件；

② 测评方法；

③ 标准或与测评的相符程度。

例如：

- 所计划的测试用例已全部执行；
- 经确定的所有缺陷都已得到了商定的解决结果；
- 所计划的测试用例已全部重新执行，已知的所有缺陷都已按照商定的方式进行了处理，而且没有发现新的缺陷。

5．特殊的考虑事项

应该确定所有影响测试策略中所述测试工作的因素或依赖关系。这些影响因素可能包括：

① 人力资源；
② 约束（如设备限制或可用性）；
③ 特殊需求（如测试时间安排或对系统的访问）。
例如：

- 测试数据库需要数据库设计员/管理员的支持，来创建、更新和刷新测试数据。
- 系统性能测试将使用现有网络上的服务器。需要在几个小时之后安排测试，以确保网络上不存在非测试通信。

为了实施和执行全功能性测试，测试对象必须使遗留系统同步。

6.1.4 确定测试资源

确定测试所需的资源，包括人力资源、硬件、软件、工具等。

1．确定人力资源需求

大多数测试工作需要符合下列条件的人力资源：
① 管理和制订测试计划；
② 设计测试和数据；
③ 实施测试和数据；
④ 执行测试并评估结果；
⑤ 管理和维护测试系统。

2．确定非人力资源需求

（1）搭建测试环境

测试用例执行过程中，搭建测试环境是第一步。一般来说，软件产品提交测试后，开发人员应该提交一份产品安装指导书，在指导书中详细指明软件产品运行的软硬件环境，如要求操作系统是 Windows 2000 Pack4 版本，数据库是 SQL Server 2000 等，此外，应该给出被测试软件产品的详细安装指导书，包括安装的操作步骤、相关配置文件的配置方法等。对于复杂的软件产品，尤其是软件项目，如果没有安装指导书作为参考，在搭建测试环境过程中会遇到种种问题。 如果开发人员拒绝提供相关的安装指导书，搭建测试中遇到问题的时候，测试人员可以要求开发人员协助，并且要把开发人员解决问题的方法记录下来，避免同样的问题再次请教开发人员。

测试前硬件环境的配置和软件环境的搭建同样重要。

（2）硬件环境的配置

计算机的配置情况，主要包括 CPU、内存和硬盘的相关参数，其他硬件参数根据测试用例的实际情况添加。如果测试中使用网络，则包括网络的组网情况，网络的容量、流量等情况。硬件配置情况与被测试产品类型密切相关，需要根据当时的情况，准确翔实地记录硬件配置情况。

（3）软件环境的搭建

包括操作系统类型版本和补丁版本、当前被测试软件的版本和补丁版本、相关支撑软件，如数据库软件的版本和补丁版本等。搭建软件测试环境，执行测试用例。

3．工具

测试工具引入的目的是测试自动化，且需要考虑工具引入的连续性和一致性。应该声明何种软件工具将被使用、被谁使用，以及使用各种工具能够获得哪些信息或好处。

4．数据

软件测试在很大程度上取决于输入数据和输出数据的使用。应确定解决以下与测试数据有关的问题的策略：

① 收集或生成用于测试的数据；

② 隔离外界影响的手段及在测试完成后将数据返回初始状态的方法。

6.1.5　制订时间表

1．估计工作量

估计测试工作量时，应考虑以下内容：

① 投入到项目中的人力资源的生产率和技能、知识水平；

② 要构建的应用程序的有关参数；

③ 实施并执行测试的可接受深度。

测试估计还应考虑到在测试生命周期的各个阶段使用不同方式对工作进行划分，这对于安排时间是很重要的，因为某些类型的（工作）量在生命周期内是变化的。例如，性能测试工作，由于其包含在复杂环境中建立测试系统并执行测试工作，因此该测试执行活动就占了工作估计的很大比重。

测试工作需要包含回归测试的时间。表 6-6 显示了经过不同测试阶段的几次迭代之后，回归测试用例是如何进行积累的。

表 6-6　回归测试积累表

迭代与阶段	系　统	集　成	单　元
第一次迭代	本次迭代中以系统为目标的测试用例的测试	本次迭代中以工作版本为目标的测试用例的测试	本次迭代中以单元为目标的测试用例的测试
下一次迭代	本次迭代测试用例及用于回归测试的先前迭代的测试用例的测试	本次迭代测试用例及用于回归测试的先前迭代的测试用例的测试	本次迭代测试用例及用于回归测试的先前迭代的测试用例的测试

2．制订测试进度

测试项目时间表可以通过工作估计和资源分配来建立。在迭代开发环境中，每一迭代都需要一个独立的测试项目时间表。在每一迭代中都将重复所有的测试活动，包括为新功能创建新的测试用例，并为已变更的功能修改测试用例。测试执行和评估步骤验证新功能并为现有功能执行回归测试。

为每一迭代提供详尽的时间表是不可能的。通常并不知道将会有多少迭代，或者在哪一次迭代中将达到某一测试标准。一般使用估计好的工作量和已分配的资源创建测试工作的时间表。表 6-7 概述了所有测试活动，其中显示的工作估计是各项任务的相对工作数量。注意，在制订时间表时，必须确保它符合实际。

表6-7 测试阶段时间表

任务	有关工作 (d：一个工作日)
工作总计	38 d
测试计划	7 d
确定测试项目 确定测试策略 估计工作 确定资源 安排测试活动的日程 记录测试计划	1 d 1 d 1 d 1 d 1 d 2 d
指定测试用例	5 d
确定测试用例	5 d
设计测试	7 d
分析测试需求 指定测试过程 指定测试用例 复审测试需求覆盖	2 d 3 d 1 d 1 d
执行系统测试	12 d
建立测试实施环境 制定测试过程 设置测试系统 执行测试 核实预期结果 调查意外结果 记录缺陷	1 d 5 d 1 d 2 d 1 d 1 d 1 d
评估测试	1 d
复审测试记录 评估测试用例覆盖 评估缺陷 确定是否满足测试完成标准	0.25 d 0.25 d 0.25 d 0.25 d

6.1.6 制订测试计划

1．复审/改进现有材料

在生成测试计划之前，必须复审现有项目信息以确保测试计划包含最新和最准确的信息。如果需要，应修改测试相关信息（测试需求、测试策略、资源等），以反映所有变更。

2．确定测试可交付工件

测试可交付工件部分的目的在于落实和规定创建、维护及如何向其他人提供测试工件的方法。这些工件包括以下几种。

① 测试模型：是测试对象和测试方式的表示方式。它是设计和实施模型的视图，不但描述了测试本身，而且描述了与测试工作相关的测试对象的各个方面。它收集了测试用例、测试过程、测试脚本和预期测试结果，还附带了这些内容之间相互关系的说明。

② 测试用例：是为特定目标开发的测试输入、执行条件和预期结果的集合。这些特定目标可以是：验证一个特定的程序路径或核实是否符合特定需求。

③ 测试过程：是对给定测试用例或测试用例集的设置、执行和评估结果的详细说明的集合。

④ 测试脚本：是自动执行测试过程的计算机可读指令。测试脚本可以被创建或使用测试

自动化工具自动生成，或用编程语言编程来完成，也可综合前 3 种方法来完成。

⑤ 变更请求：开发工件的变更是通过变更请求提出的。变更请求用于记录和追踪缺陷、扩展请求和任何其他类型的产品变更请求。变更请求的优点在于，它们提供了决策记录，且其评估流程还确保了变更的影响可在整个项目范围内得到认同和理解。

3．生成测试计划

制订测试计划活动的最后步骤是生成测试计划。它通过集中收集到的所有测试信息来完成，并生成一份报告。

测试计划应至少分发到以下对象：

- 所有测试角色；
- 开发人员代表；
- 股东代表；
- 涉众代表；
- 客户代表；
- 最终用户代表。

4．制定问题卡

在测试的计划阶段，应该明确如何准备一个问题报告及如何去界定一个问题的性质，问题报告要包括问题的发现者和修改者、问题发生的频率、用了什么样的测试案例测出该问题的，以及明确问题产生时的测试环境。

问题描述尽可能是定量的、分门别类的列举。一般问题分为以下 3 类。

A 类：严重问题。严重问题意味着功能不可用，或者是权限限制方面的失误等，也可能是某个地方的改变造成了别的地方的问题。

B 类：一般问题。功能没有按设计要求实现或者是一些界面交互的实现不正确。

C 类：建议问题。功能运行得不像要求的那么快，或者不符合某些约定俗成的习惯，但不影响系统的性能。

6.1.7　审核测试计划

审核测试计划又叫测试规范的评审，在测试真正实施开展之前必须要认真负责地检查一遍，获得整个测试部门人员的认同，包括部门负责人的同意和签字。采用评审机制，能够保证测试计划满足实际需求。测试计划写作完成后，如果没有经过评审，直接发送给测试团队，测试计划的内容可能不准确或遗漏测试内容，或者软件需求变更引起测试范围的增减，而测试计划的内容没有及时更新，误导测试执行人员。

测试计划包含多方面的内容，编写人员可能受自身测试经验和对软件需求的理解的限制，而且软件开发是一个渐进的过程，所以最初创建的测试计划可能是不完善的、需要更新的。需要采取相应的评审机制对测试计划的完整性、正确性、可行性进行评估。例如，在创建完测试计划后，提交到由项目经理、开发经理、测试经理、市场经理等组成的评审委员会审阅，根据审阅意见和建议进行修正和更新。

计划并不是到这里就结束了，在最后测试结果的评审中，必须要严格验证计划和实际的执行是不是有偏差，体现在最终报告的内容是否和测试计划保持一致。

6.2 软件测试的组织和管理

随着软件开发规模的增大、复杂程度的增加，以寻找软件中的错误为目的的测试工作就显得更加困难。统计表明，开发较大规模的软件，有40%以上的精力是耗费在测试上的，即使富有经验的程序员，也难免在编码中发生错误，何况，有些错误在设计甚至分析阶段就已埋下祸根，无论是早期潜伏下来的错误或编码中新引入的错误，若不及时排除，轻者降低软件的可靠性，重者导致整个系统的失败。然而，为了尽可能多地找出程序中的错误，生产出高质量的软件产品，加强对测试工作的组织和管理就显得尤为重要。

6.2.1 测试的过程及组织

根据软件测试计划，由一位对整个系统设计熟悉的设计人员编写测试大纲，明确测试的内容和测试通过的准则，设计完整合理的测试用例，以便系统实现后进行全面测试。当软件由开发人员完成并检验后，提交测试组，由测试负责人组织测试，测试一般按下列方式组织。

1．编写测试大纲、测试用例

测试人员要仔细阅读有关资料，包括规格说明、设计文档、使用说明书及在设计过程中形成的测试大纲、测试内容及测试的通过准则，全面熟悉系统，编写测试计划，设计测试用例，做好测试前的准备工作。

2．将测试过程分阶段

为了保证测试的质量，将测试过程分成几个阶段，即代码会审、单元测试、集成测试、确认测试和系统测试。

（1）代码会审

代码会审是由一组人通过阅读、讨论和争议对程序进行静态分析的过程。会审小组在充分阅读待审程序文本、控制流程图及有关要求、规范等文件的基础上，召开代码会审会，程序员逐句讲解程序的逻辑，并展开热烈的讨论甚至争议，以揭示错误的关键所在。实践表明，程序员在讲解过程中能发现许多自己原来没有发现的错误，而讨论和争议则进一步促使了问题的暴露。

（2）单元测试

单元测试集中检查软件设计的最小单位——模块，通过测试发现实现该模块的实际功能与定义该模块的功能说明不符合的情况，以及编码错误。

（3）集成测试

集成测试是将模块按照设计要求组装起来，同时进行测试，主要目标是发现与接口有关的问题。例如，数据穿过接口时可能丢失，一个模块与另一个模块连接时可能由于疏忽的原因而造成有害影响，把子功能组合起来可能不产生预期的主功能，个别看起来是可以接受的误差可能积累到不能接受的程度，全程数据结构可能有错误等。

（4）确认测试

确认测试的目的是向未来的用户表明系统能够像预定要求那样工作。经集成测试后，已经按照设计把所有的模块组装成一个完整的软件系统，接口错误也已经基本排除了，接着就应该进一步验证软件的有效性，这就是确认测试的任务，即软件的功能和性能如同用户所合理期待的那样。

（5）系统测试

软件开发完成后，最终还要与系统中其他部分配套运行，进行系统测试，包括恢复测试、安全测试、强度测试和性能测试等。

经过上述测试过程对软件进行测试后，软件基本满足开发的要求，测试宣告结束，经验收后，将软件提交用户。

6.2.2　测试人员的组织

人是测试工作中最有价值也是最重要的资源，没有一个合格的负责人、积极的测试小组，测试就不可能实现。为高质高效地完成测试任务，应该组织测试人员进行集体学习，做到如下几点。

① 测试项目的负责人必须做到：把要做的事情理清楚；把要达到的目的说清楚；把做事情的思路和方法理清楚；把合理的资源调配到合适的位置上，让兴趣和能力结合。从大的方面就需要先将这些事情理清楚了，才可能使一个团队具有非常的战斗力。组织测试人员定期培训，让团队的每个人具备应有的沟通能力、技术能力、自信心、怀疑精神、自我督促能力和洞察力。

② 组织测试人员进行工作总结，在什么地方容易犯错误，犯什么类型的错误，犯错误的原因是什么。对各种错误进行统计，以找到问题的根本原因，然后改进。

③ 组织测试人员提出意见，因为如果一个团队要发展，是需要大家一起努力的，但是做起来很难。让大家充分参与到设计中，在其中找到自我的感觉，这样每一个人才能关心项目的每一个角落，工作才能更有效率。

6.2.3　软件测试文件的组织

软件测试文件描述要执行的软件测试及测试的结果。由于软件测试是一个很复杂的过程，对于保证软件的质量及其运行有着重要意义，必须把对它们的要求、过程及测试结果以正式的文件形式写出。测试文件的编写是测试工作规范化的一个组成部分。测试文件不只在测试阶段才考虑，因为它与用户有着密切的关系，故而在软件开发的需求分析阶段就开始着手。设计阶段的一些设计方案也应在测试文件中得到反映，以利于设计的检验。测试文件对于测试阶段工作的指导与评价作用更是非常明显的。需要特别指出的是，在已开发软件投入运行的维护阶段，常常还要进行再测试或回归测试，这时仍需用到测试文件。

1．测试文件的类型

根据所起的作用不同，通常把测试文件分成两类，即测试计划和测试分析报告。测试计划详细规定测试的要求，包括测试的目的、内容、方法和步骤，以及测试的准则等。由于要测试的内容可能涉及软件的需求和软件的设计，因此必须及早开始测试计划的编写工作。通常，测试计划的编写从需求分析阶段开始，到软件设计阶段结束时完成。测试报告用来对测试结果加以分析说明，经过测试后，证实了软件具有的能力，以及它的缺陷和限制，并给出评价的结论性意见，这些意见既是对软件质量的评价，又是决定该软件能否交付用户使用的依据。由于要反映测试工作的情况，自然要在测试阶段内编写。

2. 测试文件的使用

测试文件的重要性表现在以下几个方面。

① 验证需求的正确性：测试文件中规定了用以验证软件需求的测试条件，研究这些测试条件对弄清用户需求的意图是十分有益的。

② 检验测试资源：测试计划不仅要用文件的形式把测试过程规定下来，还应说明测试工作必不可少的资源，进而检验这些资源是否可以得到，即它的可用性如何。如果某个测试计划已经编写出来，但所需资源仍未落实，则必须及早解决。

③ 明确任务的风险：有了测试计划，就可以弄清楚测试可以做什么，不能做什么。了解测试任务的风险有助于对潜伏的可能出现的问题事先做好思想上和物质上的准备。

④ 生成测试用例：测试用例的好坏决定着测试工作的效率，选择合适的测试用例是做好测试工作的关键。在测试文件编制过程中，按规定的要求精心设计测试用例有重要的意义。

⑤ 评价测试结果：测试文件包括测试用例，即若干测试数据及对应的预期测试结果。完成测试后，将测试结果与预期的结果进行比较，便可对已进行的测试提出评价意见。

⑥ 再测试：测试文件规定和说明的内容，对在维护阶段由于各种原因的需求进行再测试时，是非常有用的。

⑦ 决定测试的有效性：完成测试后，把测试结果写入文件，这对分析测试的有效性甚至整个软件的可用性提供了依据。同时还可以证实有关方面的结论。

3. 测试文件的编制

在软件的需求分析阶段，就开始测试文件的编制工作，各种测试文件的编写应按一定的格式进行。

6.3 软件测试的设计

测试设计主要是指如何实现用例的测试过程。进行一个测试设计的时候，必然需要对程序全盘了解，所以，需要一份完整正确的软件详细设计说明。这份说明一定要详细，以便让测试人员清晰了解软件运行的预期结果，同时最好还要有全部按钮的名称甚至提示框的内容，然后才可以设计一个测试方案出来。

6.3.1 测试设计的原则

1. 不要测试非常简单的事情

一般来说，对被测试程序的每一个功能，都需要有一个测试用例涉及它。但是对于一些显然不可能出错的地方，设计测试用例几乎没有意义。

2. 测试任何可能出错的地方

测试所有可能出错的地方，同时也要注意不要测试不可能出错的地方。

6.3.2 工作量分析

执行工作量分析将生成工作量分析文档，该文档可用于性能测试。

（1）工作量分析文档主要参考内容

① 软件开发计划；

② 用例模型；

③ 设计模型；

④ 补充规约。

（2）工作量分析内容

① 明确性能测试的目标与用例；

② 确定模型中要实施的用例；

③ 确定性能测试中要模拟的主角和主角特征；

④ 确定性能测试中要模拟的工作量；

⑤ 确定性能评测方法与标准；

⑥ 复审待实施的用例，确定执行频率；

⑦ 选择最频繁调用的用例及给系统带来最大负载的用例；

⑧ 为上一步中确定的每个用例生成测试用例；

⑨ 为每个测试用例确定关键评测点。

6.3.3　确定并制订测试用例

1．分析应用程序工作流程

该步骤的目的在于确定并说明用户与系统交互时的操作和步骤。这些测试过程说明将进一步用于确定与描述测试应用程序所需的测试用例。

这些初期的测试过程说明应是较概括的说明，即对操作的说明应尽可能笼统，而不应具体引用实际构件或对象。制订测试用例时应该参考以下主要文档：

① 在某一点可遍历测试对象（系统、子系统或构件）的用例；

② 设计模型；

③ 任何技术或补充需求；

④ 测试对象应用程序映射表（可以由自动测试脚本生成工具完成）。

2．制订测试用例

该步骤的目的是为每项测试需求编写适当的测试用例。编写测试用例文档应有文档模板，须符合内部的规范要求。测试用例就是一个文档，描述输入、动作或者时间和一个期望的结果，其目的是确定应用程序的某个特性是否正常工作。软件测试用例的基本要素包括测试用例编号、测试标题、重要级别、测试输入、操作步骤和预期结果。

① 用例编号：测试用例的编号要有一定的规则。例如，系统测试用例的编号定义规则：PROJECT1-ST-001，命名规则是项目名称＋测试阶段类型（系统测试阶段）＋编号。定义测试用例编号，便于查找测试用例及测试用例的跟踪。

② 测试标题：测试用例标题是对测试用例的描述，应该清楚表达测试用例的用途。例如，“测试用户登录时输入错误密码时，软件的响应情况”。

③ 重要级别：就是定义测试用例的优先级别。重要级别可以笼统地分为“高”和“低”两个级别。一般来说，如果软件需求的优先级为“高”，那么针对该需求的测试用例优先级也为“高”；反之亦然。

④ 测试输入：提供测试执行中的各种输入条件。根据需求中的输入条件，确定测试用例的输入。测试用例的输入对软件需求中的输入有很大的依赖性，如果软件需求中没有很好地定义需求的输入，那么测试用例设计中将遇到很大的障碍。

⑤ 操作步骤：提供测试执行过程的步骤。对于复杂的测试用例，测试用例的输入需要分为几个步骤完成，这部分内容应在操作步骤中详细列出。

⑥ 预期结果：提供测试执行的预期结果，预期结果应该根据软件需求的输出得出。如果在实际测试过程中，得到的测试结果与预期结果不符，那么测试不通过；反之则测试通过。

软件测试用例的设计主要从上述六个基本要素考虑，结合相应的软件需求文档，在掌握一定测试用例设计方法的基础上，可以设计出比较全面、合理的测试用例。通用的测试用例模板如表 6-8 所示。

表 6-8 软件测试用例模板

元 素	含 义	给出定义的测试角色
测试索引	被标识过的测试需求	测试需求分析
测试环境	进入测试实施步骤所需的资源及其状态	
测试输入	运行本测试所需的代码和数据，包括测试模拟程序和测试模拟数据	测试设计（描述性定义）
测试操作	建立测试运行环境、运行被测对象、获取测试结果的步骤序列	
预期结果	用于比较测试结果的基准	测试实现（计算机表示）
评价标准	根据测试结果与预期结果的偏差，判断被测对象质量状态的依据	

如果已测试过以前的版本，则测试用例已经存在。应复审这些用例，供回归测试及其设计使用。回归测试用例应包括在当前迭代中，并应与处理新行为的新测试用例结合使用。

3．确定测试用例数据

使用上面生成的表格，复审测试用例，并确定支持这些用例的实际值。本步骤将确定用于以下三种目的的数据：

① 用作输入的数据值；

② 用作预期结果的数据值；

③ 用作支持测试用例所需的数据。

4．测试用例的修改更新

测试用例在形成文档后也还需要不断完善。主要来自三方面的缘故：第一，在测试过程中发现设计测试用例时考虑不周，需要完善；第二，在软件交付使用后反馈的软件缺陷，而缺陷又是因测试用例存在漏洞造成；第三，软件自身的新增功能及软件版本的更新，测试用例也必须配套修改更新。

一般小的修改完善可在原测试用例文档上修改，但文档要有更改记录。软件的版本升级更新，测试用例一般也应随之升级更新版本。

6.3.4 确立并结构化测试过程

1．复审应用程序工作流程或应用程序映射表

复审应用程序工作流程及先前说明的测试过程，查看是否已对用例作出改动，是否影响测试过程的确定和结构安排。

如果利用自动测试脚本生成工具，则应复审生成的应用程序映射表，以确保 UI 对象分层列表正确无误，并与测试和/或受测试的用例相关。

复审进行的方式与前面的分析方式相同：

① 复审用例事件流；

② 复审所描述的测试过程；

③ 走查主角在与系统交互时采取的步骤；

④ 复审应用程序映射表。

2．开发测试模型

测试模型的目的在于传达以下信息：测试内容、测试方式及实施测试的方式。对各个说明的测试过程，需要完成以下步骤以生成测试模型：

① 确定本测试过程与其他测试过程的关系或顺序；

② 确定本测试过程的起始条件/状态与结束条件/状态；

③ 指明本测试过程要执行的测试用例。

开发测试模型时应考虑以下问题。

① 很多测试用例互为变体，这意味着可以通过同一测试过程实现这些用例。

② 很多测试用例要求执行的行为会交叉。为了能够重复实施这些行为，可使测试过程结构化，使同一测试过程可用于几个测试用例。

③ 很多测试过程包含了大多数测试用例或其他测试过程常用的操作与步骤。这种情况下，应决定是否需要专门创建一个结构化的测试过程，而测试用例特有的步骤仍另外保留在一个结构化的测试过程中。

④ 使用自动测试脚本生成工具时，应复审应用程序映射表和生成的测试脚本，以确保测试模型反映以下内容：

- 正确的控件已包含在应用程序映射表和测试脚本中；
- 控件按照所需顺序执行；
- 为那些需要测试数据的控件确定了测试用例；
- 指定了要在其中显示控件的窗口或对话框。

3．使测试过程结构化

上述测试过程的说明对实施与执行测试来说并不充分。需要调整测试过程的结构，即修改已说明的测试过程，让它至少包括以下信息。

① 设置：如何为接受测试的测试用例创建条件，需要哪些数据（无论是输入数据还是测试数据库中的数据）。

② 结构化测试过程的起始条件、状态或操作。

③ 对执行的说明：测试员实施与执行测试所采取的详细步骤/操作。

④ 输入的数据值（或引用的测试用例）。

⑤ 每个操作/步骤的预期结果（条件或数据，或引用的测试用例）。

⑥ 评估结果：对得到的实际结果与预期结果进行比较的分析方法与步骤。

⑦ 结构化测试过程的结束条件、状态或操作。

一个已说明的测试过程，在进行结构化时，可能分解为几个结构化测试过程，它们必须按顺序执行，这样做是为了获取最大的复用性，并使测试过程的维护成本最小化。

测试过程可像测试脚本一样手动执行或实施。自动执行测试过程时，生成的计算机可读文件就是测试脚本。

6.3.5 复审并评估测试覆盖

1．确定测试覆盖评测方法

有两种确定测试覆盖的方法：基于需求的覆盖和基于代码的覆盖。这两种方法都确定了将接受测试的全部可测试项的百分比，但它们使用不同的收集与计算方式。

基于需求的覆盖依据：使用用例、需求、用例流或测试条件作为全部测试项的评测方法，这种方法可在测试设计中应用。

基于代码的覆盖：将生成的代码作为全部测试项，并评测测试中执行的代码特征（如执行的代码行或遍历的分支数）。这种覆盖评测方法只有当代码生成后才能够实施。

确定要使用的方法，并指明如何收集评测结果、如何解译数据及如何在流程中运用指标。

2．生成并分发测试覆盖报告

测试计划中确定了时间表，说明了何时生成、何时分发测试覆盖报告。这些报告至少应分发给以下角色：

① 所有测试角色；

② 开发人员代表；

③ 股东代表；

④ 涉众代表。

6.4 软件测试的执行

6.4.1 执行测试过程

1．设置测试环境

确保按照测试计划所需的全部构件（硬件、软件、工具、数据等）都已实施并处于测试环境中。在测试前严格审查测试环境，包括硬件型号、网络拓扑结构、网络协议、防火墙或代理服务器的设置、服务器的设置、应用系统的版本，包括被测系统以前发布的各种版本，以及相关的或依赖性的产品。

2．测试环境初始化

以确保所有构件都处于正确的初始状态，可以开始测试。

3．按照测试用例执行测试任务

测试过程的执行方式将依据测试是自动测试还是手工测试而有所不同。

自动测试：执行在实施测试活动中创建的测试脚本。

手工测试：按照在设计测试活动中制定的结构化测试过程来手工执行测试。

4．评估测试的执行情况

测试执行活动结束或终止时，会出现两种情况。

① 正常终止：所有测试过程（或脚本）按预期方式执行至结束。如果测试正常结束，则继续核实测试结果。

② 异常或提前结束：测试过程（或脚本）没有按预期方式执行或没有完全执行。当测试异常终止时，测试结果可能不可靠。在执行任何其他测试活动之前，应确定并解决异常/提前终止的原因，然后重新执行测试。如果测试异常终止，则继续恢复暂停的测试。

5．核实测试结果

测试完成后，应当复审测试结果以确保结果可靠，确保所报告的故障、警告或意外结果不是外部影响（如不正确的设置或数据等）造成的。

在测试过程和测试脚本完全执行时所报告的故障中，最常见的故障及其纠正操作如下所述。

① 测试核实故障。通常发生在实际结果与预期结果不匹配时。验证所用的核实方法仅侧重于基本项与/或特征，并在必要时进行修改。

② 意外的 GUI 窗口。发生这种情况有几种原因，最常见的原因是当前的 GUI 窗口并不是预期的窗口，或所显示的 GUI 窗口数目大于预期的数目。确保为正确执行测试而设置了测试环境并对其进行了初始化。

③ GUI 窗口遗失。如果某个 GUI 窗口应该可用（不一定是当前窗口）但实际上却不可用，则应记录该故障。确保为正确执行测试而设置了测试环境并对其进行了初始化。确保实际遗失的窗口已从测试对象中删除。

如果所报告的故障是在测试工件中确定的错误而导致的，或者是测试环境问题造成的，则应当采取适当的纠正措施进行纠正，然后重新执行测试。如果测试结果表明故障确实是由测试对象造成的，则可认为执行测试活动已完成。

6．恢复暂停的测试

确定适当的纠正措施，以便恢复暂停的测试。暂停的测试主要有两种类型。

① 致命错误：系统故障（网络故障、硬件崩溃等）。

② 测试脚本命令故障：针对自动测试，指测试脚本无法执行某条命令（或代码行）。

这两种类型的测试异常终止可能会表现出相同的故障现象：

① 当执行测试脚本时，出现许多意外的操作、窗口或事件；

② 测试环境没有响应或处于非理想状态（如悬挂或崩溃）。

要恢复暂停的测试，请执行如下步骤：

① 确定问题的实际原因；

② 纠正问题；

③ 重新设置测试环境；

④ 重新初始化测试环境；

⑤ 重新执行测试。

6.4.2　测试执行策略

软件测试执行就是对被测软件进行一系列测试并记录日志结果的阶段。对于大型项目，软件测试的执行，除了需要很好的测试范围分析、测试计划制订和测试资源分配与组织之外，还有一个非常重要的测试执行策略问题。对于大多数应用项目，测试不是为了证明所有的功能正常工作，恰恰相反，测试是为了找出那些不能正常工作、不一致性的问题，也就是说，测试的一般工作就是发现缺陷。

测试的重要工作在于测试用例的设计，这是测试执行的基础。同时，应该承认，测试的主要工作在于测试的执行，当自动化测试工具在功能测试中发挥作用比较困难时，测试执行的工作量还是很大的。为了更早地发现缺陷又不增加风险，引导大家向着一个目标——产品及时并高质量地发布而努力。在测试项目执行时要有如下策略。

① 首先要向测试人员灌输一个思想："测试的一般工作就是发现缺陷，达成共识。"这是很重要的。这样，测试人员就知道什么是自己真正的工作。这一点，不仅在测试执行时发挥作用，而且在设计测试用例时更能发挥作用。

② 测试执行要进行有效监控，包括测试执行效率、Bug 历史情况和发展趋势等。根据获得的数据，必要时对测试范围、测试重点等进行调整，包括对测试人员的调整、互换模块等手段，提高测试覆盖度，降低风险。

③ 良好的沟通，不仅和测试人员保持经常的沟通，还可以和项目组的其他人员保持有效的沟通，如每周例会，可以及时发现测试中的问题或不正常的现象。

测试执行阶段可以划分为两个子阶段，前一个阶段的目的就是发现缺陷，督促大家找出缺陷。测试用例的执行，要有助于更快地发现缺陷。从理论上说，如果缺陷都找出来了，质量也就有保证了。所以在这一阶段，要不顾风险，发现缺陷，这样对测试有利，测试效率高，后面的回归测试也会稳定，信心会更足。

在产品发布前的测试为后一个阶段，目的是减少风险、增加测试的覆盖度，这时测试的效率会低一些，但会极大地降低风险，获得更高质量的收益。

6.5　软件测试的总结与报告

测试报告把测试的过程和结果写成文档，并对发现的问题和缺陷进行分析，为纠正软件存在的质量问题提供依据，同时为软件验收和交付打下基础。测试报告是测试阶段最后的文档产物，优秀的测试经理应该具备良好的文档编写能力，一份详细的测试报告包含足够的信息，包括产品质量和测试过程的评价，测试报告基于测试中的数据采集及对最终测试结果的分析。

下面以通用的测试报告模板为例，详细说明测试报告的编写内容。

第一项　封面

1．封面内容

密级（测试报告通常供内部测试完毕后使用，因此密级为中，如果可供用户和更多的人阅读，密级为低，高密级的测试报告适合内部研发项目及涉及保密行业和技术版权的项目。）

××××项目/系统测试报告

报告编号（可供索引的内部编号或者用户要求分布提交时的序列号）

部门经理______　项目经理______

开发经理______测试经理______

×××公司××××单位（此处包含用户单位及研发此系统的公司）

××××年××月××日

2．格式要求

标题一般采用大号字（如一号），加粗，宋体，居中排列

副标题采用稍小一号字（如二号）加粗，宋体，居中排列

其他采用四号字，宋体，居中排列

3．版本控制

版本 作者 时间 变更摘要

新建/变更/审核

第二项　引言部分

1．编写目的

本测试报告的具体编写目的，并指出本报告的读者范围。

实例：本测试报告为×××项目的测试报告，目的在于总结测试阶段的测试及分析测试结果，描述系统是否符合需求（或达到×××功能目标）。预期参考人员包括用户、测试人员、开发人员、项目管理者、其他质量管理人员和需要阅读本报告的高层经理。

提示：通常，用户对测试结论部分感兴趣，开发人员希望从缺陷结果及其分析中得到产品开发质量的信息，项目管理者对测试执行中的成本、资源和时间予以重视，而高层经理希望能够阅读到简单的图表并且能够与其他项目进行同向比较。此部分可以具体描述什么类型的人可参考本报告×××页×××章节，你的报告读者越多，你的工作越容易被人重视，前提是必须让阅读者感到你的报告是有价值而且值得花费时间去关注的。

2．项目背景

对项目的目标和目的进行简要说明。必要时包括简史，这部分不需要脑力劳动，直接从需求或者招标文件中复制即可。

3．系统简介

如果设计说明书有此部分，照抄。注意必要的框架图和网络拓扑图能非常直观和清晰地展示系统的整体结构，并能够吸引读者。

4．术语和缩略语

列出设计本系统/项目的专用术语和缩略语约定。对于技术相关的名词和多义词一定要清楚注明，以便读者阅读时不会产生歧义。

5．参考资料

① 需求、设计、测试用例、手册及其他项目文档都可作为参考。

② 测试使用的国家标准、行业指标、公司规范和质量手册等。

第三项　测试概要

测试的概要介绍，包括测试的一些声明、测试范围、测试目的等，主要是测试情况简介（其他测试经理和质量人员关注的部分）。

1．测试用例设计

简要介绍测试用例的设计方法。例如，等价类划分、边界值、因果图，以及如何使用这类方法。

提示：如果能够具体对设计进行说明，其他开发人员、测试经理阅读的时候就容易对用例设计有个整体的概念，如果必要的话，在这里写上一些非常规的设计方法也是可以的，至少在没有看到测试结论之前就可以了解测试经理的设计技术，重点测试部分一定要保证有两种以上不同的用例设计方法。

2．测试环境与配置

简要介绍测试环境及其配置。

提示：清单如下，如果系统/项目比较大，则用表格方式列出。

（1）数据库服务器配置

CPU：

内存：

硬盘：可用空间大小

操作系统：

应用软件：

机器网络名：

局域网地址：

（2）应用服务器配置

…………

（3）客户端配置

…………

对于网络设备和要求也可以使用相应的表格，对于三层架构的，可以根据网络拓扑图列出相关配置。

3．测试方法和工具

简要介绍测试中采用的方法和工具。

提示：主要是黑盒测试，测试方法可以写上测试的重点和采用的测试模式，这样可以一目了然地知道是否遗漏了重要的测试点和关键块。工具为可选项，当使用测试工具和相关工具时，要加以说明。注意要注明是自产还是厂商生产，版本号是多少，在测试报告发布后要避免大多工具的版权问题。

第四项　测试结果及缺陷分析

这是整个测试报告中最引人注意的部分，这部分主要汇总各种数据并进行度量，度量包括对测试过程的度量和能力评估、对软件产品的质量度量和产品评估。对于不需要过程度量或者相对较小的项目，如用于验收时提交用户的测试报告、小型项目的测试报告，可省略过程方面的度量部分；而采用其他工程标准过程的，需要提供过程改进建议和参考的测试报告，并且需要列出过程度量，这主要用于公司内部测试改进和缺陷预防机制。

1．测试执行情况与记录

描述测试资源消耗情况，记录实际数据。此项是测试经理、项目经理所关注的部分。

2．测试组织

可列出简单的测试组架构图，包括以下内容。

测试组架构：如存在分组、用户参与等情况。

测试经理：领导人员

主要测试人员：

参与测试人员：

3．测试时间

列出测试的跨度和工作量，最好区分测试文档和活动的时间。数据可供过程度量使用。

例如，×××子系统/子功能

实际开始时间—实际结束时间　总工时/总工作日　任务开始时间　结束时间　总计

合计

对于大系统/项目来说最终要统计资源的总投入，必要时要增加成本一栏，以便管理者清楚地知道究竟花费了多少人力去完成测试。

测试类型　人员成本　工具设备　其他费用　总计

合计

在数据汇总时可以统计个人的平均投入时间和总体时间、整体投入平均时间和总体时间，还可以算出每一个功能点所花费的“时/人”。

用时人员　编写用例　执行测试　总计

合计

这部分用于过程度量的数据，包括文档生产率和测试执行率。

生产率人员　用例/编写时间　用例/执行时间　平均　总计

合计

4．测试版本

给出测试的版本，如果是最终报告，可能要报告测试次数。列出表格清单，以便于知道这个子系统/子模块的测试频度，多次回归的子系统/子模块将引起开发者关注。

5．覆盖分析

（1）需求覆盖

需求覆盖率是指经过测试的需求/功能和需求规格说明书中所有需求/功能的比值，通常情况下要达到 100%的目标。

需求/功能（或编号）

测试类型

是否通过：[Y][P][N][N/A]

备注

根据测试结果，按编号给出每一测试需求通过与否的结论。Y 表示通过，P 表示部分通过，N 表示没有通过，N/A 表示不可测试或者用例不适用。实际上，需求跟踪矩阵列出了一一对应的用例情况以避免遗漏，此表的作用是传达需求测试信息以供检查和审核。

需求覆盖率计算：　需求覆盖率= (Y 项数量/需求总数) ×100%

（2）测试覆盖

需求/功能（或编号）

用例个数

执行总数

未执行

未/漏测分析和原因

实际上，测试用例已经记载了预期结果数据，测试缺陷说明了实测结果数据和与预期结果数据的偏差；因此没有必要对每个编号进行更详细的缺陷记录与偏差说明，列表的目的仅在于更好地查看测试结果。

测试覆盖率计算：测试覆盖率=(执行数/用例总数)×100%

6．缺陷的统计与分析

缺陷统计主要涉及被测系统的质量，因此，这部分成为开发人员、质量人员重点关注的部分。

（1）缺陷汇总

按测试类型

被测系统 系统测试 回归测试 总计

合计

按严重程度

严重 一般 微小 总计

合计

按缺陷类型

用户界面 一致性 功能 算法 接口 文档其他 总计

合计

按功能分布

功能一 功能二 功能三 功能四 功能五 功能六 功能七 总计

合计

表格统计后，再给出缺陷的饼状图和柱状图，如图 6-1 所示，以便直观查看。图像能够很直观清晰地反映出各种缺陷情况，使阅读者迅速获得信息，尤其适合于没有时间去逐项阅读文章的各层面管理人员。

（2）缺陷分析

本部分对上述缺陷和其他收集数据进行综合分析，包含如下内容：

缺陷发现效率 = 缺陷总数/执行测试用时

用例质量 =(缺陷总数/测试用例总数)×100%

缺陷密度 = 缺陷总数/功能点总数

缺陷密度可以得出系统各功能或各需求的缺陷分布情况，开发人员可以在此分析基础上得出哪部分功能/需求缺陷最多，从而在今后开发中注意避免并在实施时予以关注，测试经验表明，测试缺陷越多的部分隐藏的缺陷也越多。

测试曲线图

描绘被测系统每工作日/周缺陷数情况，得出缺陷走势和趋向

重要缺陷摘要

缺陷编号 简要描述 分析结果 备注

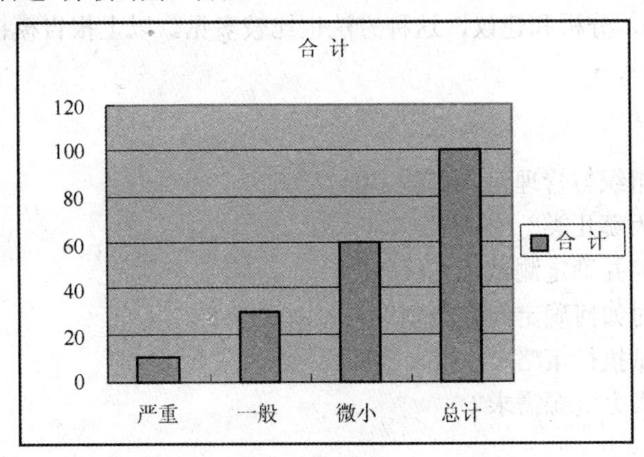

图 6-1　缺陷柱状图

（3）残留缺陷

编号：BUG 号。

缺陷概要：该缺陷描述的事实。

原因分析：如何引起缺陷，缺陷的后果，描述造成软件局限性和其他限制性的原因。

预防和改进措施：弥补手段和长期策略。

（4）未解决问题

功能/测试类型：

测试结果：与预期结果的偏差。

缺陷：具体描述。

评价：对这些问题的看法，也就是这些问题如果发生了会造成什么样的影响。

第五项　测试结论与建议

这是整个报告的总结部分，对上述过程、缺陷分析之后应该下个结论，此部分为项目经理、部门经理及高层经理所关注的，要清晰扼要地下定论。

1．测试结论

① 测试执行是否充分（可以增加安全性、可靠性、可维护性和功能性描述）；

② 对测试风险的控制措施和成效；

③ 测试目标是否完成；

④ 测试是否通过；

⑤ 是否可以进入下一阶段项目目标。

2．建议

① 对系统存在问题的说明，描述测试所揭露的软件缺陷和不足，以及可能给软件实施和运行带来的影响；

② 可能存在的潜在缺陷和后续工作；

③ 对缺陷修改和产品设计的建议；

④ 对过程改进方面的建议。

测试报告的内容大同小异，对于一些测试报告而言，也可以将结论与建议内容合并，逐项列出测试项、缺陷、分析和建议，这种方法也比较多见。以上报告模板仅供参考。

习题

1. 软件测试的组织与管理包含哪些方面？
2. 测试需求分为哪几类？
3. 怎样评估风险并确定测试优先级？
4. 制订问题卡时如何确定问题级别？
5. 如何制订测试执行策略？
6. 如何确定非人力资源需求？

第 7 章　软件测试实例

软件测试是一项十分复杂的工作，它要求测试人员不仅要学好本书前面介绍的内容，而且还能综合运用，并在实际工作中不断积累经验。本章以“校园网站的系统级测试”为例，介绍软件的测试。

7.1　项目背景

本项目是对某校园网站的系统级测试，测试内容包括软件功能测试、性能测试和安全性扫描测试。作为一个 B/S 结构的软件系统，它有许多自身独有的特点。与传统的 C/S 结构的软件测试既有相同之处，也有不同的地方，对于软件测试来说出现了很多新的问题。基于 Web 的系统测试不但需要检查和验证是否按照设计的要求运行，而且还要评价系统在不同用户浏览器端的显示是否合适。重要的是，还要从最终用户的角度进行安全性和可用性测试。

本项目使用的所有服务器（数据库服务器、应用服务器、邮件服务器、Web 服务器）均部署在学校中心机房，所有的数据采集和处理都在学校信息管理中心完成。考虑全校的需要，在整个系统上线后，总的用户数应该在 2000 左右。本项目主要从 3 个方面进行测试。

1．功能测试

需要检查和验证系统是否按照设计的要求实现了各项功能，而且还要测试系统在不同类型浏览器端的显示是否合适。此外，Web 系统对于用户界面（也就是页面）的要求也远远超过了传统的 C/S 架构的软件，更加关注页面的视觉效果，因此，Web 页面设计是否合理，风格是否统一，是否方便用户浏览也是功能测试需要关注的一个方面。

2．性能测试

Web 系统将所有的功能操作尽可能地放在后台的服务器端进行处理，这使得服务器端的性能至关重要，这也是系统是否会产生性能瓶颈的一个关键所在。对于允许外部用户通过互联网访问的 Web 系统来说，访问量将远远超过那些只供内部用户访问的系统，因此十分有必要对其进行全面的性能测试，以保障系统的稳定运行。

3．系统安全性测试

这也是 Web 系统的另一大特点。这主要是由两个因素决定的。首先，Web 系统受其自身事务处理模式决定，浏览器端必须通过网络，很多时候是通过公众互联网，与服务器端进行数据传递与交互。这就使得对数据进行加密保护、防止信息在传输过程中泄露，成为当务之急。其次，面向广大外部用户的 Web 系统，极易受到来自网络上的攻击，系统一旦出现安全漏洞，就很有可能被外来者利用，因此，Web 系统（尤其是电子商务系统）对安全的要求，远比一般系统要高。对 Web 系统的安全性测试，将是测试中的重要部分。

7.2 测试计划的制订

本测试计划书以某校园网站为例，详细内容如下所述。

7.2.1 项目简介

1．测试目标

主要采用国家标准 GB/T 16260—1996《信息技术　软件产品评价　质量特性及其使用指南》、GB/T 17544—1998 《信息技术　软件包　质量要求和测试》及 GB/T 18905—2002 《软件工程　产品评价》指导测试的准备、执行和报告等过程，对该系统的功能、性能和安全性进行测试，并提出修改方案。旨在为网站日后的安全、稳定运行提供可靠的科学依据。

2．背景

该测试是对某校园办公自动化系统的测试。为了建设数字化校园，某校根据实际情况构建了校园局域网，并通过 CERNET 接入 Internet。然后依托校园局域网又建立了包含信息发布、办公自动化、网上选课系统、成绩查询、留言板等模块的校园网站系统。测试内容按各个模块进行，包括功能测试、性能测试和安全性测试。

7.2.2 测试参考文档和测试提交文档

表 7-1 列出了制订测试计划时所使用的文档，并标明了各文档的可用性。

表 7-1　测试参考文档列表

文档名称	已创建	已被接收	作者
可行性分析报告	可用	可用	软件开发部
软件需求分析	可用	可用	软件开发部
软件系统分析	可用	不可用	软件开发部
软件概要设计	可用	可用	软件工程师
软件详细设计	可用	不可用	软件工程师
软件测试需求	可用	可用	测试工程师
模块开发手册	可用	可用	软件工程师
测试时间表及人员安排	不可用	不可用	测试工程师
测试方案	可用	可用	测试工程师
测试报告	不可用	不可用	测试工程师
测试分析报告	不可用	不可用	测试工程师
用户操作手册	可用	不可用	软件开发部
安装指南	可用	不可用	软件开发部

7.2.3 系统风险、优先级

成功地对网站进行测试需要在测试工作中成功地权衡资源约束和风险等因素。为此，应该确定测试工作的优先级，以便首先测试最重要、最有意义或风险最高的用例。下面为本次测试系统风险和优先级的部分内容。

1．风险级别及说明

H：高风险，无法忍受。极易遭受外部的风险。公司将遭受巨大的经济损失、债务或不可恢复的名誉损失。

M：中等风险，可以忍受，但是不希望其出现。遭受外部风险的可能性很小，公司可能会遭受经济损失，但只存在有限的债务或名誉损失。

L：低风险，可以忍受。根本不会或不太可能遭受外部风险，公司只有少许经济损失或债务根本没有损失。公司的名誉也不会受到影响。

2．优先级别及说明

H：必须测试。

M：应该测试，只有在测试完所有 H 项后才进行测试。

L：可能会测试，但只有在测试完所有 H 和 M 项后才进行测试。

测试风险评估情况如表 7-2 所示。

表 7-2　测试风险评估

测　试　项	风　险	优 先 级
页面测试	L	H
内容测试	M	M
表单测试	H	H
平台兼容性测试	H	M
浏览器兼容性测试	H	M
负载测试	H	H
安全性测试	H	H
网络设备运行情况	H	H

7.2.4　测试内容与策略

本次的测试内容主要由 3 部分组成：第 1 部分是对各个子系统的功能测试，第 2 部分是主要功能的并发性能负载测试，第 3 部分为安全性测试。

1．功能测试

（1）页面测试

页面测试主要是对校园网站页面链接做测试。可分为三个方面：首先，测试所有链接是否按指示的那样确实链接到了该链接的页面；其次，测试所链接的页面是否存在；最后，保证校园 Web 应用系统上没有孤立的页面。所谓孤立页面是指没有链接指向该页面，只有知道正确的 URL 地址才能访问。

（2）内容测试

内容测试用来检验 Web 应用系统提供信息的准确性和相关性。

信息的准确性是指测试信息是可靠正确的还是误传的。例如，错误的考试成绩可能影响学生的毕业与就业；测试应用系统是否有语法或拼写错误。信息的相关性是指在当前页面是否可以找到与浏览信息相关的信息列表或入口，也就是一般 Web 站点中所谓的“相关文章列表”。内容测试的策略，主要就是手工浏览页面。测试结果依赖于测试人员自身的能力和相关知识。

（3）表单测试

当用户给 Web 服务器提交信息时，就需要使用表单操作，如学生注册、登录、信息提交等。在这种情况下，必须测试提交操作的完整性，以校验提交给服务器的信息的正确性。如用户填写的身份证与出生日期是否匹配，填写的学号与所在系别是否匹配等。如果使用了默认值，还要检验默认值的正确性。如果表单只能接受指定的某些值，则也要进行测试。例如，只能接受某些字符，测试时可以跳过这些字符，看系统是否会报错。

表单测试策略：可以采用边界值验证和划分等价类的方法来设计测试用例进行测试。

（4）并发性测试

由于 Web 系统是一个开放式的系统界面，在多用户并发的情况下能够正确处理相应的业务逻辑非常重要，如用户的并发登录、信息的并发修改等。

并发测试策略：可以使用 SilkTest 功能测试工具，捕获用户在界面上的操作，然后生成脚本，在两台机器上同时运行脚本，模拟多用户的并发操作，以此保证并发操作的同时性。

（5）整体界面测试

整体界面是指整个 Web 应用系统的页面结构设计，是给用户的一个整体感。例如，当用户浏览 Web 应用系统时，是否感到舒适，是否凭直觉就知道要找的信息在什么地方，整个 Web 应用系统的设计风格是否一致等。

对整体界面的测试就是通过最终用户的角度来看待和检查界面。

（6）平台兼容性测试

市场上有很多不同的操作系统类型，最常见的有 Windows、UNIX、Macintosh、Linux 等。Web 应用系统的最终用户究竟使用哪一种操作系统，取决于用户系统的配置。这样，就可能会发生兼容性问题，同一个应用可能在某些操作系统下正常运行。

本次测试考察的操作系统平台包括 Windows 98、Windows 2000、Windows XP、Windows 2003 和 Linux。

（7）浏览器兼容性测试

浏览器是 Web 客户端最核心的构件，来自不同厂商的浏览器对 Java、JavaScript、ActiveX、Plug-ins 或不同的 HTML 规格有不同的支持。另外，框架和层次结构风格在不同的浏览器中也有不同的显示，甚至根本不显示。不同的浏览器对安全性和 Java 的设置也不一样。

测试浏览器兼容性策略：根据不同的浏览器和脚本语言设计一个表格。如表 7-3 所示，测试不同厂商、不同版本的浏览器对某些构件和设置的适应性。

表 7-3 浏览器兼容性

	Applets	JavaScript	ActiveX	VBScript
IE5				
IE6				
Netscape5				
Netscape6				

（8）其他功能验证测试

除了以上 Web 系统特有的测试项目外，本次校园网络平台测试还依照系统的操作手册和相关的技术文档，对 Web 系统的功能、可靠性、易用性、可移植性、可维护性和效率 6 个特性进行了验证与测试。

2．性能测试

（1）连接速度测试

用户连接到 Web 应用系统的速度根据上网方式的变化而不同，在校园里大部分是局域网用户，在外部一般为宽带上网。当用户访问一个页面时，Web 系统响应时间太长（如超过 5 秒钟），用户就会因没有耐心等待而离开。另外，有些页面有超时的限制，如果响应速度太慢，用户可能还没来得及浏览内容，就需要重新登录了。而且，连接速度太慢还可能引起数据丢失，使用户得不到真实的页面。

（2）负载测试

负载测试是为了测量在某个时刻同时访问 Web 系统的用户数量，也可以是在线数据处理的数量。例如，校园 Web 应用系统能允许多少个用户同时在线，如果超过了这个数量会出现什么现象。采用压力测试工具 Silk Performer 模拟多用户并发测试，考察系统的性能指标。在负载测试的同时，监测相关服务器的以下性能指标：

① CPU 使用情况；
② 内存使用情况；
③ 磁盘读写情况；
④ 数据库应用系统的检测；
⑤ 系统备份测试。

（3）并发访问测试

在测试网上选课系统、成绩查询、留言板等模块时，以 30 个并发用户为起点，测试增量步长为 30，增至 120 个用户，并且分两种情况，一种是所有并发用户访问相同的页面，另一种是所有并发用户访问不同的页面，以考察 Web 服务器缓存的工作能力。并发访问又可分为并发注册测试、并发查询测试、并发登录测试、通用留言板并发测试等。

（4）网络监测

在对系统进行负载测试的同时，利用网络协议分析仪检测网络运行情况，考察网络是否能满足系统的性能要求。检测内容包括以下性能指标：

① 最大利用率；
② 平均帧速；
③ 帧的平均长度；
④ 帧总数；
⑤ 字节总数；
⑥ 冲突总数；
⑦ 广播/多目广播帧数；
⑧ 错误率及短帧、长帧、CRC/FCS 错误等各种错误情况的统计分析；
⑨ 网络协议分布情况；
⑩ 利用率最高的协议的分布情况；
⑪ 网络协议种类；
⑫ 各网络协议数量。

3．安全性测试

（1）登录测试

校园网办公自动化、网上选课系统、成绩查询、留言板等Web应用系统采用先注册、后登录的方式。因此，必须测试有效和无效的用户名和密码，要注意大小写是否敏感，可以试多少次的限制，是否可以不登录而直接浏览某个页面等。

（2）超时限制

Web应用系统是否有超时的限制，也就是说，用户登录后在一定时间内（如15分钟）没有单击任何页面，是否需要重新登录才能正常使用。

（3）日志测试

为了保证Web应用系统的安全性，日志文件是至关重要的。需要测试相关信息是否写进了日志文件，是否可追踪。

（4）加密测试

当使用了安全套接字时，还要测试加密是否正确，检查信息的完整性。

（5）服务器安全漏洞测试

服务器端的脚本常常构成安全漏洞，这些漏洞又常常被黑客利用。这方面的测试主要是对被测系统自带的网络防篡改工具和内容过滤工具的功能性测试。测试方法主要为：模拟恶意的攻击与突发情况，考察系统如何应对。如非法篡改文件、突然中断网络、在监控端和分发端制造不同步、输入带有特殊字符和格式的需要过滤的文字内容等。

7.2.5 测试资源

1．测试人力资源

人力资源的分配情况如表7-4所示。

表7-4 人力资源分配表

角　色	所推荐的最少资源（所分配的专职角色数量）	具体职责或注释
网站项目工程师	1	测试需求
测试工程师	2	测试计划、测试用例
测试员	2	功能测试
测试员	2	性能测试
测试员	3	安全测试

2．测试环境资源

C/S架构子系统的运行环境及其主要功能如表7-5所示。

表7-5 环境资源分配表1

子 系 统	操 作 系 统	数 据 库	开 发 语 言	主 要 功 能	面 向 用 户
内容管理	Windows 2000 Advanced Server	Oracle	VB	网站信息编辑、发布与管理	
全文检索	Windows 2000 Advanced Server	Oracle	VB	对网站信息进行检索	后台管理用户
内容过滤	Redhat Enterprise linux As release 4	Oracle	JSP	对显示信息进行过滤和记录	

B/S 架构子系统的运行环境及其主要功能如表 7-6 所示。

表 7-6　环境资源分配表 2

子 系 统	操 作 系 统	数 据 库	Web 服务器	开 发 语 言
办公自动化	Redhat Enterprise linux As release 4	Oracle	Weblogic	JSP
网络选课	Redhat Enterprise linux As release 4	Oracle	Weblogic	JSP
成绩查询	Redhat Enterprise linux As release 4	Oracle	Weblogic	JSP
留言板	Redhat Enterprise linux As release 4	Oracle	Weblogic	JSP

3．测试工具

此项目测试使用的工具如表 7-7 所示。

表 7-7　测试工具表

用　　途	工　　具	生产厂商/自产	版　　本
可以支持下面这些测试对象：HTML,DHTML,JavaScript,VBScript, XML,Java Applets,ActiveX,VB,PowerBuilder,Delphi,Terminal Emulator, Oracle,SAP,PeopleSoft, Siebel	WinRunner	Mercury	
可以支持下面这些测试对象：HTML, DHTML, JavaScript, XML, Java apps and applets, MFC, VB, Oracle, PowerBuilder, Delphi, SAP	SilkTest	Segue	

7.2.6　测试时间表

测试时间表见如表 7-8 所示。

表 7-8　测试时间表

测 试 阶 段	测 试 任 务	人员分配	起 止 时 间
功能测试	需要检查和验证系统是否按照设计的要求实现了各项功能	2	2007.01.20—2007.03.18
性能测试	后台服务器端业务处理能力	2	2007.03.19—2007.04.21
安全测试	Web 系统传递与交互信息的安全性	3	2007.04.22—2007.05.15
帮助和用户手册测试	1. 帮助测试；2. 用户手册测试	1	略
审核 BUG	审核单元测试以外的 BUG	1	略
验收测试	模仿用户使用过程的测试	1	略
测试总结	测试总结和分析、问题反馈	1	略

7.2.7　测试问题卡制定

测试人员把测试中发现的问题填入修改记录表中，然后递交给开发人员修改。修改记录如表 7-9 所示。

表 7-9 修改记录

版本号	变更控制报告编号	更改条款及内容	更改人	审批人	更改日期

7.2.8 附录：项目任务

以下是一些与测试有关的其他任务：

- 确定测试需求；
- 制订测试计划；
- 评估风险；
- 制定测试策略；
- 确定测试资源；
- 创建时间表；
- 生成测试计划；
- 设计测试；
- 准备工作量分析文档；
- 确定并说明测试用例；
- 确定测试过程，并建立测试过程的结构；
- 复审和评估测试覆盖；
- 实施测试；
- 记录或通过编程创建测试脚本；
- 确定设计与实施模型中的测试专用功能；
- 建立外部数据集；
- 执行测试；
- 执行测试过程；
- 评估测试的执行情况；
- 恢复暂停的测试；
- 核实结果；
- 对测试进行评估；
- 评估测试用例覆盖；
- 分析缺陷。

7.3 测试执行

7.3.1 设置测试环境

确保按照测试计划所需的全部构件（硬件、软件、工具、数据等）都已实施并处于测试环境中。在测试前严格审查测试环境，包括各种服务器、网络运行情况、网络采用的协议类型、防火墙或代理服务器的设置情况、服务器的设置等。环境设置如表7-10和表7-11所示。

表7-10 硬件配置及型号

硬　件	配　置	数　量	备　注
PC机	AMD Athon 64/100 网卡/512 MB 内存	10	处于不同网段
路由器	Cisco2600	3	
Cisco 交换机	catalyst3550	1	
Cisco 交换机	catalyst2950	3	

表7-11 软件配置及型号

软　件	版　本	设置及功能	备　注
Linux 操作系统	Redhat Enterprise linux As release 4	网络平台操作系统	
bind	9.2.1	DNS 服务器	
httpd	2.0.40	Web 服务器	
vsftpd	1.1.3	FTP 服务器	
Win2000server	sp4	C/S 结构服务器系统	
Win2000profesional	sp4	客户机操作系统	
Winxp	sp1	客户机操作系统	
iris	v4	网络协议探测工具	
secureCRT	5.1.3	远程终端	

7.3.2 按照测试用例执行测试任务

测试过程的执行方式将依据测试是自动测试还是手工测试而有所不同。

自动测试：执行在实施测试活动中创建的测试脚本。

手工测试：按照在设计测试活动中制定的结构化测试过程来手工执行。

本案例功能测试中页面测试和性能测试中的负载测试、连接速度测试和并发访问测试采用自动测试，其余都采用手工测试，在手工测试前要注重对测试人员的培训，因为手工测试的效果取决于测试人员的能力、技术与态度。

7.3.3 评估测试的执行

在整个测试过程中，都要掌握测试的进度及各种情况，出现异常情况时要进行异常评估，以确定异常的类型。测试执行活动结束或终止时，会出现两种情况。

1．正常终止

所有测试过程（或脚本）按预期方式执行至结束。如果测试正常结束，则继续核实测试结果。

2．异常或提前结束

测试过程（或脚本）没有按预期方式执行或没有完全执行。当测试异常终止时，测试结果可能不可靠。在执行任何其他测试活动之前，应确定并解决异常/提前终止的原因，然后重新执行测试。如果测试异常终止，则继续恢复暂停的测试。

7.3.4 核实测试结果

测试完成后，应当复审测试结果以确保结果可靠，确保所报告的故障、警告或意外结果不是外部影响（如不正确的设置或数据等）造成的。

在符合要求的环境下按测试项细则对该系统进行逐项测试，并记录测试结果。对该系统中的 517 个功能点进行了测试，共发现问题 10 个，其中 B 类错误 4 个，C 类错误 4 个，D 类错误 2 个，现场修正了 5 个，复测通过了 2 个，另有 3 个问题不是关键问题，待以后的软件升级中进行改进。

以上的测试结果要经过核实，确认故障是由测试工件中确定的错误导致的，还是由测试环境问题造成的。然后采取适当的纠正措施进行纠正，重新执行测试。如果测试结果表明故障确实是由测试对象造成的，则可认为执行测试活动已完成。

7.3.5 测试执行的策略

① 首先要让测试人员认识到本网站测试工作的重要性。

② 注重工作效率，提高测试质量。

③ 测试执行要进行有效监控，包括测试执行效率、Bug 历史情况和发展趋势等。根据获得的数据，必要时对测试范围、测试重点等进行调整，包括对测试人员的调整、互换模块等手段，提高测试覆盖度，降低风险。

④ 良好的沟通，不仅和测试人员保持经常的沟通，还可以和项目组的其他人员保持有效的沟通，如每周例会，可以及时地发现测试中的问题或不正常的现象。

7.4 测试总结与报告

测试工作结束后，管理人员和测试人员对测试的全部过程及测试记录进行分析和总结，编写测试总结报告。测试总结报告由报告正文和附录两部分组成。

7.4.1 测试总结报告

表 7-12 测试总结报告（部分）

项 目 名 称	××校园网站系统测试		
项目编号	××		
项目开发负责人	×××		
测试负责人	×××		
测试人员	略		
测试环境	略		
计划起止时间	略	略	
实际起止时间	略	略	
测试问题总结	类 型	评 价	备 注
	静态页面的访问	校园网站首页的并发浏览是属于对静态页面的访问，该事务操作对资源的使用率较低，在 100 个用户的情况下，CPU 的平均使用率也只有 12%，平均响应时间在 20 个用户的情况下为 0.5 秒，当用户数增加到 100 个时，响应时间为 3.01 秒	
	并发查询	并发查询对应用服务器有相对较重的压力，但当用户数变化时对应用服务器的影响不是很大，CPU 使用率始终在 65%左右，但对数据库服务器没有什么压力，CPU 使用在 4%左右，没有什么变化	
	并发注册	并发注册过程中，系统持续加压，会出现内存耗尽的提示（java.lang.OutofMemoryError）错误。并且在测试过程中，曾出现了提示成功，但是实际在后台中查看的交易数量少于前台提示成功的交易数量的情况	
	并发登录	并发登录操作中，在 10 个用户的情况下，系统出现 java.lang.OutofMemoryError 的错误。在开发单位修正有关参数设置以后，测试未发现该错误提示	
	其他模块	略	
测试综合评价	多次执行同一个用例时，就必须保证每次执行用例时的环境一致，因此在准备好数据、执行用例之前，必须要计划好测试完成后怎样将整个测试环境中的数据恢复。在性能测试中，尤其需要注意测试环境的时间同步问题。性能测试关注的是系统的总体性能表现，这些性能表现又需要通过各个模块的响应时间来体现。 测试工具的选择需要根据实际情况灵活使用		
建议	系统在新版本的开发中，采用统一的平台架构（操作系统、数据库、开发工具等），以提高系统的可维护性。增加和完善对系统误操作和非法数据的防范功能，进一步增加系统的稳定性。 加强部分子系统的界面友好性，统一界面风格，方便用户使用。 系统的提示信息与帮助文件需要更加清晰、准确，便于用户更好地理解与掌握系统。部分子系统还需完善相关的技术文档，增加文档的完整性和准确性		

7.4.2 附录

① 功能测试问题分析表；
② 性能测试问题分析表；
③ 安全测试问题分析表；
④ 遗留问题分析表；
⑤ 测试结束检查表。

附录中的 5 项内容是总结报告的一部分。

附录A　软件测试术语

Acceptance Testing——可接受性测试

一般由用户/客户进行的、确认是否可以接受一个产品的验证性测试。

Ad Hoc Testing——随机测试

测试人员通过随机尝试系统的功能，试图使系统中断。

Alpha Testing——Alpha 测试（α测试）

由选定用户进行的产品早期性测试。这个测试一般是在可控制的环境下进行的。

Anomaly——异常

在文档或软件操作中观察到的任何与期望违背的结果。

Automated Testing——自动化测试

使用自动化测试工具来进行测试，这类测试一般不需要人干预，通常在 GUI、性能等测试中用得较多。

Beta Testing——Beta 测试（β测试）

在客户场地，由客户进行的对产品预发布版本的测试。

Basis Test Set——基本测试集

根据代码逻辑引出来的一个测试用例集合，它保证能获得 100%的分支覆盖。

Big-bang Testing——大锤测试/一次性集成测试

非渐增式集成测试的一种策略，测试的时候把所有系统的组件一次性组合成系统进行测试。

Black Box Testing——黑盒测试

根据软件规格对软件进行的测试，这类测试不考虑软件内部的运作原理，因此软件对用户来说就像一个黑盒子。

Bottom-up Testing——由底向上测试

渐增式集成测试的一种，其策略是先测试底层的组件，然后逐步加入较高层次的组件进行测试，直到系统所有组件都加入到系统。

Boundary Value——边界值

一个输入或输出值，它处在等价类的边界上。

Boundary Value Coverage——边界值覆盖

通过测试用例，测试组件等价类的所有边界值。

Boundary Value Testing——边界值测试

通过边界值分析方法生成测试用例的一种测试策略。

Boundry Value Analysis——边界值分析

该分析一般与等价类一起使用。经验认为软件的错误经常在输入的边界上产生，边界值分析就是分析软件输入边界的一种方法。

Branch Testing——分支测试

通过执行分支结果来设计测试用例的一种方法。

Breadth Testing——广度测试

在测试中测试一个产品的所有功能，但是不测试更细节的特性。

Bug——缺陷

Capture/Replay Tool——捕获/回放工具

一种测试工具，能够捕获在测试过程中传递给软件的输入，并且能够在以后的时间中，重复这个执行的过程。这类工具一般在 GUI 测试中用得较多。

CAST——计算机辅助测试

在测试过程中使用计算机软件工具进行辅助测试。

Cause-effect Graph——因果图

一个图形，用来表示输入（原因）与结果之间的关系，可以被用来设计测试用例。

Code Coverage——代码覆盖率

一种分析方法，用于确定在一个测试执行后，软件的哪些部分被执行到了，哪些部分没有被执行到。

Code Inspection——代码检视

一个正式的同行评审手段，在该评审中，作者的同行根据检查表对程序的逻辑进行提问，并检查其与编码规范的一致性。

Code Walkthrough——代码走读

一个非正式的同行评审手段，在该评审中，代码通过一些简单的测试用例进行人工执行，程序变量的状态被手工分析，分析程序的逻辑和假设。

Code-based Testing——基于代码的测试

根据从实现中引出的目标设计测试用例。

Compatibility Testing——兼容性测试

测试软件是否和系统的其他与之交互的元素兼容，如浏览器、操作系统、硬件等。

Conformance Testing—— 一致性测试

测试一个系统的实现是否与其基于的规格相一致。

Conversion Testing——转换测试

用于测试已有系统的数据是否能够转换到替代系统上。

Crash——崩溃

计算机系统或组件突然并完全地丧失功能。

Debugging——调试

发现和去除软件失效根源的过程。

Depth Testing——深度测试

执行一个产品的一个特性的所有细节，但不测试所有特性。比较广度测试。

Design-based Testing——基于设计的测试

根据软件的构架或详细设计引出测试用例的一种方法。

Desk Checking——桌面检查

通过手工模拟软件执行的方式进行测试的一种方式。

Diagnostic——诊断

检测和隔离故障或失效的过程。

Documentation Testing——文档测试

测试关注于文档的正确性。

Dynamic Analysis——动态分析

根据执行的行为评价一个系统或组件的过程。

Dynamic Testing——动态测试

通过执行软件的手段来测试软件。

Equivalence Partition Coverage——等价划分覆盖

在组件中被测试执行到的等价类的百分比。

Equivalence Partition Testing——等价划分测试

根据等价类设计测试用例的一种技术。

Equivalence Partitioning——等价划分

组件的一个测试用例设计技术，该技术从组件的等价类中选取典型的点进行测试。

Error——错误

IEEE 的定义是：一个人为产生不正确结果的行为。

Error guessing——错误猜测

根据测试人员以往的经验猜测可能出现问题的地方来进行用例设计的一种技术。

Exception——异常/例外

一个引起正常程序执行挂起的事件。

Exhaustive Testing——穷尽测试

测试覆盖软件的所有输入和条件组合。

Failure——失效

软件的行为与其期望的服务相背离。

State Transition Testing——状态转换测试

根据状态转换来设计测试用例的一种方法。

Static Analysis——静态分析

分析一个程序的执行，但是并不实际执行这个程序。

Static Testing——静态测试

不通过执行来测试一个系统。

Statistical Testing——统计测试

通过使用对输入统计分布进行分析来构造测试用例的一种测试设计方法。

Storage Testing——存储测试

验证系统是否满足指定存储目标的测试。

Stress Testing——压力测试

在规定的规格条件或者超过规定的规格条件下，测试一个系统，以评价其行为。类似负载测试，通常是性能测试的一部分。

Structured Basis Testing——结构化的基础测试

根据代码逻辑设计测试用例来获得 100%分支覆盖的一种测试用例设计技术。

Syntax Testing——语法分析

根据输入语法来验证一个系统或组件的测试用例设计技术。

System Analysis——系统分析

对一个计划的或现实的系统进行的一个系统性调查以确定系统的功能，以及系统与其他系统之间的交互。

System Design——系统设计

定义硬件和软件构架、组件、模块、接口和数据的过程，以满足指定的规格。

System Integration——系统集成

一个系统组件的渐增的连接和测试，直到构成一个完整的系统。

System Testing——系统测试

从一个系统的整体而不是个体上来测试一个系统，并且该测试关注的是规格，而不是系统内部的逻辑。

Test Automation——测试自动化

使用工具来控制测试的执行、结果的比较、测试预置条件的设置及其他测试控制和报告功能。

Test Case——测试用例

用于特定目标而开发的一组输入、预置条件和预期结果。

Test Case Design Technique——测试用例设计技术

选择和导出测试用例的技术。

Test Driver——测试驱动

一个程序或测试工具用于根据测试用例执行软件。

Test Environment——测试环境

测试运行其上的软件和硬件环境的描述，以及任何其他与被测软件交互的软件，包括驱动和桩。

Test Plan——测试计划

一个文档，描述了要进行的测试活动的范围、方法、资源和进度。它确定测试项、被测特性、测试任务、谁执行任务，并且任何风险都要冲突计划。

Test Procedure——测试规程

一个文档，提供详细的测试用例执行指令。

Test Records——测试记录

对每个测试，明确地记录被测组件的标识、版本，测试规格和实际结果。

Test Report——测试报告

一个描述系统或组件执行的测试和结果的文档。

Test Script——测试脚本

一般指的是一个特定测试的一系列指令，这些指令可以被自动化测试工具执行。

Test Specification——测试规格

一个文档，用于指定一个软件特性、特性组合或所有特性的测试方法、输入、预期结果和执行条件。

Test Strategy——测试策略

一个简单的高层文档，用于描述测试的大致方法、目标和方向。

Testability——可测试性

一个系统或组件有利于测试标准的建立和确定，以及这些标准是否被满足的测试执行程度。

Testing——测试

IEEE 给出的定义是：① 一个执行软件的过程，以验证其满足指定的需求并检测错误；② 一个软件项的分析过程以检测已有条件之间的不同，并评价软件项的特性。

Traceability——可跟踪性

开发过程的两个或多个产品之间的关系可以被建立起来的程度，尤其是产品彼此之间有一个前后处理关系。

Traceability Analysis——跟踪性分析

① 跟踪概念文档中的软件需求到系统需求；② 跟踪软件设计描述到软件需求规格，以及软件需求规格到软件设计描述；③ 跟踪源代码对应到设计规格，以及设计规格对应到源代码。分析确定它们之间正确性、一致性、完整性、精确性的关系。

State Transition Testing ——状态转换测试

根据状态转换来设计测试用例的一种方法。

Technical Requirements Testing——技术需求测试

参考非功能需求测试（Non-functional Requirements Testing）

Test Execution——测试执行

一个测试用例被测软件执行，并得到一个结果。

Test Generator——测试生成器

根据特定的测试产生测试用例的工具。

Test Harness——测试用具

包含测试驱动和测试比较器的测试工具。

Test Measurement Technique——测试度量技术

度量测试覆盖率的技术。

参 考 文 献

[1] 柳纯录. 软件测评师教程. 北京: 清华大学出版社，2005.

[2] ASH L. Web 测试指南. 李昂，王海峰，黄江海, 译. 北京: 机械工业出版社, 2004.

[3] PATTON R. 软件测试. 周予滨, 姚静, 译. 北京: 机械工业出版社, 2002.

[4] 张海藩. 软件工程导论. 3 版. 北京: 清华大学出版社, 2003.

[5] 胥光辉, 金凤林, 丁力. 软件工程方法与实践. 北京: 机械工业出版社, 2004.

[6] 齐治昌, 谭庆平, 宁洪. 软件工程. 2 版. 北京: 高等教育出版社, 2004.

[7] 郑人杰, 殷人昆, 陶永雷. 实用软件工程. 2 版. 北京: 清华大学出版社, 2002.